PERFORMANCE ORIENTED GENERATIVE DESIGN
FOR RESIDENTIAL BUILDINGS

性能导向住宅生成式设计

张竞予 著

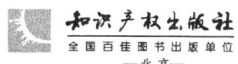

图书在版编目（CIP）数据

性能导向住宅生成式设计 / 张竞予著. —北京：知识产权出版社，2025.5. —ISBN 978-7-5130-9966-0

Ⅰ. TU241

中国国家版本馆 CIP 数据核字第 20255VR494 号

内容简介

在数字化转型加速的大背景下，建筑行业的技术革新也步入了新的阶段，以参数化设计为代表的新兴设计理念已经渗透到建筑设计的各个环节。参数化设计不仅提高了设计工作效率，还为复杂形态建筑的实现提供了可能。本书系统地探讨了如何在实际项目中运用参数化设计方法和人工智能技术提升住宅建筑的性能，可为建筑师、相关专业研究人员、高校师生等的住宅设计实践与研究提供方法与理论参考。

责任编辑：张雪梅　　　　　　　责任印制：孙婷婷
封面设计：曹　来

性能导向住宅生成式设计
XINGNENG DAOXIANG ZHUZHAI SHENGCHENGSHI SHEJI

张竞予　著

出版发行：知识产权出版社有限责任公司		网　　址：http://www.ipph.cn
电　　话：010-82004826		http://www.laichushu.com
社　　址：北京市海淀区气象路 50 号院		邮　　编：100081
责编电话：010-82000860 转 8171		责编邮箱：laichushu@cnipr.com
发行电话：010-82000860 转 8101		发行传真：010-82000893
印　　刷：北京中献拓方科技发展有限公司		经　　销：新华书店、各大网上书店及相关专业书店
开　　本：720mm×1000mm　1/16		印　　张：8.5
版　　次：2025 年 5 月第 1 版		印　　次：2025 年 5 月第 1 次印刷
字　　数：140 千字		定　　价：59.00 元
ISBN 978-7-5130-9966-0		

出版权专有　侵权必究

如有印装质量问题，本社负责调换。

前　言

在数字技术与人工智能高速发展的大环境下，建筑业面临新的技术革命。绿色节能是近年来日益严峻的资源问题、环境问题对建筑业提出的现实要求，而北方住宅节能是我国建筑节能的重中之重。本书针对当前国内住宅建设中方案设计初期性能优化不充分、实际效果与设计目标相背离等现实问题，以北方住宅方案设计阶段绿色性能目标为导向，将住宅绿色节能设计与人工智能技术相结合，发掘参数化数字技术和智能设计在建筑方案设计中的应用潜力，构建了一种以绿色性能目标为导向、人机协同、基于性能模拟数据的设计方法和面向建筑师的技术协同工具平台。

本书首先从建筑的参数化形式生成和性能导向的设计结合机制两方面对相关文献进行综述，分析建筑的性能导向参数化设计研究现状，并探讨已有性能导向设计方法与住宅设计过程的契合度和局限性。然后，梳理绿色性能导向的住宅参数化设计方法和流程，构建了一种基于智能设计平台、人机协同的未来工作模式和逆向的设计流程，流程通过多平台智能绿色设计工具的开发辅助建筑师综合决策。之后，以参数化生成设计方法为基础，基于 Grasshopper 平台及 Python 语言编写住宅设计方案自动生成算法。通过案例库特征提取—参数化方案生成—限定条件筛选的算法框架，实现北方住宅标准层设计方案的自动生成；针对已有住宅方案的优化问题，提出性能导向的绿色住宅性能优化方法，基于参数化与遗传算法进行住宅方案与性能的关联优化，并开发了简化的北方住宅标准层设计方案性能一键优化算法。最后，基于以上算法开发了面向建筑师的北方住宅智能绿色设计工具平台"住宅设计节能助手 TH－Green House Designer"。该平台以绿色低碳为出发点，通过引入人工智能新技术，实现绿色性能导向的住宅设计方案自动生成、人机协同一键绿色节能优化，通过数据可视化技术提供即时、有效、直观的客观量化数据，以在设计前期促进提升住宅节能效果。

本书中的相关研究源于科学技术部"十三五"国家重点研发计划项目"目标和效果导向的绿色建筑设计新方法及工具"（项目编号：2016YFC0700200）

及"北方地区城镇居住建筑绿色设计新方法与技术协同优化"(项目编号：2016YFC0700206)。这些科研项目为本书中的研究提供了重要的资金支持、研究方向指引及数据资源等方面的保障，使得相关研究能够顺利开展并取得一系列成果。希望本书能够为建筑领域的专业人员在性能导向住宅设计方面提供有价值的参考，推动我国北方住宅绿色节能设计的进一步发展。

目 录

第1章 绪论及研究现状综述 ·· 1
　1.1 研究背景 ··· 1
　1.2 文献综述 ··· 4
　1.3 研究目的及意义 ··· 19
　1.4 研究对象及内容 ··· 21
　1.5 研究框架 ·· 24

第2章 性能导向的住宅参数化设计方法流程构建 ····················· 25
　2.1 性能导向住宅参数化设计特征 ··································· 25
　2.2 性能导向住宅参数化设计流程构建 ····························· 32
　2.3 性能导向的绿色设计策略库构建 ································ 37

第3章 北方住宅方案参数化自动生成设计方法与算法 ··············· 41
　3.1 北方住宅参数化生成设计方法概述 ····························· 43
　3.2 北方住宅方案参数化生成规则构建 ····························· 49
　3.3 住宅平面方案自动生成算法开发 ································ 69

第4章 性能导向的绿色住宅性能优化方法与算法 ····················· 80
　4.1 参数化性能寻优设计方法概述 ··································· 81
　4.2 性能导向的北方住宅方案优化方法 ····························· 83
　4.3 北方住宅标准层方案一键智能优化算法开发 ················· 85

第5章 北方住宅智能绿色设计工具平台 TH-Green House Designer
　　　 开发 ··· 90
　5.1 平台基本特性 ·· 90

5.2 平台功能模块及技术路线设计 ·················· 95
5.3 平台界面通信连接方式构建 ··················· 104

第6章 性能导向住宅绿色设计方法与工具的案例应用 ········ 110
6.1 示范项目案例基本信息 ····················· 111
6.2 示范项目住宅平面初步方案自动生成过程 ············ 112
6.3 示范项目方案初期性能优化过程 ················ 115
6.4 设计参数对建筑性能的敏感性分析 ··············· 117

第7章 结论和展望 ··························· 121
7.1 研究结论 ··························· 121
7.2 研究创新点 ·························· 123
7.3 研究展望 ··························· 123

参考文献 ······························· 125

第1章　绪论及研究现状综述

1.1　研　究　背　景

绿色节能是近年来日益严峻的资源问题、环境问题对建筑业提出的现实要求，住宅各项物理性能表现得到越来越多的重视。已有研究表明，方案设计早期阶段是绿色建筑性能优化的重要阶段[1-3]。在方案设计的早期阶段对建筑的性能表现进行预测及优化，能够在几乎不增加成本的前提下，通过建筑体形、空间布局、围护结构等的优化实现住宅节能效果的大幅提升。目前，国内住宅绿色节能问题日益严峻，方案设计阶段的绿色性能优化越发受到关注。

住宅建筑的绿色设计中，需要根据气候、工况、场地、功能等各项设计要素综合分析，确定合理的设计方案，达到绿色节能的目标。在常规的设计方法中，该过程主要依靠设计者的主观经验完成，往往缺乏量化的评价机制和目标导向的性能评价过程。近年来，数字技术的快速发展给性能目标导向的绿色建筑设计带来了新方法和新工具，目标导向的参数化量化设计方法能够更精确地进行住宅绿色设计与优化，有效挖掘住宅在方案设计阶段的节能潜力。

1.1.1　技术背景：数字技术飞速发展

从古代开始科技就从不同的角度影响着各个行业的发展，推动人们的认知和生活发生改变。人类文明的发展史也是生产力和技术的发展史。人类文明不停地前进促使科技进步，科技也反过来促进社会生产力的进步。20 世纪以来，随着计算机技术的飞速发展，人类开始步入第三次科技革命的信息时代。从 20 世纪 40 年代计算机出现，到 60 年代第一个参数化计算机绘图软件 Sketchpad 产生[4]，再到 21 世纪人工智能技术飞速发展，计算机在建筑学与技术科学之间架起沟通的桥梁，数字技术与建筑设计相结合，并呈现出方兴未艾的发展趋势。

我国提出的新型基础设施建设的七大领域也涵盖了人工智能技术。在建筑领域，智能建筑设计成为非常重要的热门研究方向。

当代高新技术发展呈现出来的数字化、智能化的趋势使得建筑师面临知识、定位和设计范式的转变，探索数字设计、应对建筑设计方法论的革命性变革是当代建筑业面临的重要发展趋势。在当代，以建筑参数化设计为代表的数字设计理念已经渗透到从建筑设计实践、教学到数控施工的各个领域，对当代建筑风格产生巨大影响。在数字技术与建造技术高速发展的大环境下，越来越多异形建筑耸立于全球各地，参数化工具塑造的建筑成为新的国际化建筑形式。同时，参数化设计方法开始广泛应用于设计的各个领域。

20世纪末，计算机支持的参数化设计和数字技术开始涉及建筑设计领域。参数化建筑设计主要是将建筑设计过程进行数字化描述，通过参数之间的算法逻辑构建完成建筑设计。参数化技术与CAD技术的区别在于，其本质是对建筑中各要素的逻辑关系进行设计，是一种新的设计方法。参数化设计在建筑设计领域广泛应用，是建筑业得益于科技革命的重大变革。参数化设计方法的引入不仅使建筑设计过程更加高效与理性，而且使一些形式复杂的非线性建筑得以在实际工程中建造出来。[5]

1.1.2 社会背景：北方城镇住宅节能现状及重要性

伴随着我国经济的快速发展，降低能源消耗与碳排放成为我国建筑业的主要诉求，特别是北方城镇住宅节能需求日益凸显。我国2013年的建筑能源消耗较1995年增长了5倍，建筑业能源消耗占比也呈逐年上升的趋势[6]。我国北方地区采暖和住宅建筑能耗占总能耗的比重约为74%[7]，北方住宅节能成为我国建筑节能的重点。

根据清华大学建筑节能研究中心数据，截至2017年，我国北方城镇采暖建筑面积为88亿m^2，冬季采暖能耗为1.53亿t标准煤，是我国建筑能耗最大的组成部分，北方城镇住宅采暖能耗约占建筑总能耗的四分之一[8]。因此，北方住宅节能是建筑节能的重中之重。对北方住宅节能关键因素进行分析，有利于节能关键措施的实施，对于推动建筑节能具有较大的社会价值和经济效益。

当前，我国北方地区（指严寒和寒冷地区）绿色住宅节能提升面临目标和效果两方面的挑战：一是应对更高的目标和设计标准，二是减少实际效果与设计目标的偏离。自1986年《民用建筑节能设计标准（采暖居住建筑部分）》(JGJ 26—

1986)[9]发布以来,住宅节能取得长足进步,设计标准渐进式提高,在20世纪80年代的基础上,分别以节能30%(1991—1999年)、50%(2000—2004年)、65%(2005—2010年)和75%[10]为目标,对设计和技术的节能潜力进行了充分挖掘。后续节能增量需另辟蹊径,有赖于性能导向的精确参数设置与多目标技术协同[11]。

相关调查表明,设计标准提高并不意味着实际效果的同步提高,实际效果与设计目标有时不仅不匹配,而且存在较大差距[12]。部分建筑在设计与建造过程中堆砌运用多项绿色建筑设计措施,以达到设计标准要求,但经使用后的性能评价发现,这些建筑能耗较高,甚至高于同类型同规模的普通建筑,造成能源浪费。2016年,《民用建筑能耗标准》(GB/T 51161—2016)[13]发布,引入了约束值和推荐值两项指标,针对实际效果和性能进行使用后评价,也反映出建成环境性能实际效果与预期效果偏离较严重的问题。科学技术部(以下简称科技部)于2016年发布"十三五"国家重点研发计划项目"目标和效果导向的绿色建筑设计新方法及工具"(2016YFC0700200),旨在以绿色性能目标为导向,以节能、减碳、可循环材料使用、用户满意度为评价目标,探讨并提出建筑使用后实际运行性能与所使用的绿色设计措施相偏离的现实问题的解决方案,并提倡以计算机智能技术为依托,研发面向建筑设计阶段的软件工具。

笔者在相关的研究中通过对寒冷地区样本住宅的实测及问卷调查,分析和探讨了现阶段影响北方住宅节能的不利因素,拟找出北方住宅节能中需要重点解决的关键问题。首先,通过长达一年的热环境实测及问卷调查收集样本住宅基本信息,包括住宅室内热环境信息、建筑基本信息和住户能源使用的行为习惯信息。其次,大致分析了不同类型的能源消耗现状与比例。通过分析调查结果探讨寒冷地区居住建筑节能的不利因素,并初步探讨可行的改进措施。通过分析样本住宅发现:冬季用电(含空调)和采暖(不含燃气炉采暖)能耗在总能耗中所占比例最大,是寒冷地区城镇居民建筑节能最重要的部分。室内过热、供暖温度不均是冬季采暖中较为普遍的问题,室内过热是造成城镇住宅冬季采暖能源浪费的主要原因之一。在住户访谈中,约1/3住户对不同房间室内温度不均表达出不满意。集中供热终端温度调节能力差,导致有的房间过热,而有的房间温度较低,因此热量分布不均和温度调节手段不足是造成热能浪费的原因之一。同时,早期阶段设计方案的合理性对冬季采暖节能和室内热舒适度造成较大影响。

1.1.3 行业背景:住宅方案阶段绿色性能设计的重要性

国内外多项研究表明,在早期的方案设计阶段,设计决策对建筑节能及物理性能的影响最大,随着设计过程的深入,节能措施的实际效果呈逐渐减小的趋势,绿色设计措施带来的造价提高则随设计过程不断增加。已有研究表明,40%以上的节能潜力来源于方案初期[14]。因此,方案设计前期的绿色设计流程与方法对住宅各项物理性能的提升来说尤为重要。

在住宅建筑方案的设计过程中,出于节能需求,需要综合考虑建筑的绿色性能,但是目前在方案设计与绿色性能设计过程中普遍存在"断口"问题,即住宅方案设计流程与绿色设计优化流程脱节,甚至缺乏方案前期绿色设计与优化过程,这个"断口"不利于住宅方案绿色性能潜力的挖掘[15]。

(1) 设计流程层面:方案前期设计和绿色性能设计脱节

住宅建筑方案设计中,对住宅体形、空间组织、围护结构形式等的优化通常考虑不足,往往在住宅基本方案确定以后再引入能耗模拟优化流程。能耗模拟介入滞后,不能有效地在设计过程中指导方案优化。通常只能在方案形成后,通过优化外遮阳、围护结构性能、窗墙比等附加措施达到节能标准要求。由于常规针对住宅方案的节能优化的时间成本与技术难度较高,在实际项目前期设计过程中通常难以在住宅建筑方案中有效落实,建筑方案阶段的节能潜力未得到有效挖掘。

(2) 优化工具层面:不利于多次模拟反馈

常规住宅建筑的绿色性能优化过程中,通常基于常用的性能模拟软件获取建筑能耗负荷、采光、通风、热环境等模拟结果,反馈给设计人员进行方案调整。但是常规模拟过程一般需要较高的时间成本,需要单独建立模拟模型并进行详细的模拟设置,通常需要专业人员介入。另外,常规建筑性能优化需进行多次方案模拟—性能反馈—方案调整—再次模拟流程,也就是需要多次性能模拟过程的支撑,通过反复的方案对比调整,才能获得能耗等性能较优的设计方案。因此,在住宅建筑设计方案阶段,由于时间及工作成本限制,通常无法实现多次反复模拟,不能对建筑方案形成有效的性能反馈,无法充分挖掘方案的节能潜力。

1.2 文献综述

1.2.1 建筑参数化设计

1. 国外发展概况

建筑师从什么时候开始使用"参数化"这个术语还存在争议。部分研究认为参数化建筑这一定义首先出现在19世纪40年代，出自意大利建筑师路易吉·莫瑞提（Luigi Moretti）的著作[16]。莫瑞提在其著作中解释了参数化建筑的基本定义，认为参数化设计的目的是确定设计参数与关联要素之间的关系，并以通过参数化设计方法设计体育馆方案的过程为例进行了说明。莫瑞提设计的实际项目中，1965年的水门综合大厦在相关文献中被认为是第一个较多使用计算机技术的建成项目（图1.1）[17]。萨瑟兰（Sutherland）利用TX-2型计算机创建了Sketchpad计算机绘图软件，被认为是第一个具有参数化功能的软件[18]。1988年出现了参数化设计软件Pro/E的最初版本，软件由有数学背景的塞缪尔·盖斯伯格（Samuel Geisberg）主导开发。1993年，三维建模软件Catia第四版中引入了Pro/E的参数化功能[19]。得益于Catia的参数化功能，弗兰克·盖里（Frank Gehry）设计事务所得以实现很多复杂的非线性建筑的设计与建造，如古根海姆博物馆及巴塞罗那鱼形雕塑等。

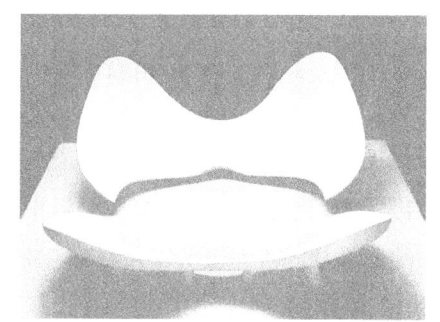 

图1.1　莫瑞提的参数化体育馆方案和水门综合大厦

从20世纪八九十年代开始，在参数化技术的引领下，国外许多院校开展了参数化设计的研究与实验性教学探索，许多高校和建筑学院处于数字设计研究的领先地位，产生了如对象设计、运算设计、衍生设计、参数设计等，但是直到20世纪后期至21世纪初期，这些研究才被正式运用到实际项目中。哈佛大学、麻省理工学院、哥伦比亚大学、英国建筑联盟学院、代尔夫特工业大学、苏黎世联邦工业大学、普林斯顿大学、西班牙加泰罗尼亚高等建筑学院等进行了建筑参数化设计教学实践[20]。其中，英国建筑联盟学院建立的"涌现与设计组（Emergency and Design Group）"在复杂形态生成领域获得了很大的成功。

进入21世纪以后，随着数字技术的发展，参数化建筑的计算机技术壁垒与建造难度逐渐降低，参数化建筑作为一种国际风格在全球盛行。同时，国外产生了一批以非线性形态为主要设计风格的建筑师与事务所，如扎哈·哈迪德（Zaha Hadid）、BIG 建筑事务所、UN Studio 建筑事务所、SOM 事务所等，他们注重把新兴技术运用到实际项目设计里，如德国沃尔夫斯堡费诺科学中心（扎哈·哈迪德事务所设计）、德国斯图加特奔驰博物馆（UN Studio 建筑事务所设计）、阿纳姆艺术中心（BIG 建筑事务所设计）等。在许多大规模的国际竞赛中，很多获奖作品运用了参数化设计。舒马赫（Schumacher P.）作为扎哈·哈迪德建筑事务所合伙人之一，结合哈迪德工作室的建筑设计风格，以及自 20 世纪 80 年代以来的参数化设计发展历程，提出将参数化建筑设计风格称为参数化主义（parametricism）[21]。利奇（Leach N.）在 *Architecture Design* 杂志中专门设立数字城市专刊[22]，认为参数化设计方法与工具给当代建筑领域带来了非常重要的影响。

另外，从哲学层面对参数化建筑设计进行解读，是参数化的另一发展路线。参数化设计相关的哲学理论包括图解概念、褶子理论、游牧空间及复杂性科学等。相关理论研究认为，参数化哲学思想来源于米歇尔·福柯（Michel Foucault）的图解（diagram）概念，吉尔·德勒兹（Gilles Deleuze）进一步阐述发展了这一概念[23]。另外，复杂性科学理论也在哲学层面启发了参数化设计，复杂性科学中所包含的分形、混沌与自组织、涌现等理论对参数化设计方法产生了较大影响[24]。

2. 国内发展概况

对比来说，国内的数字建筑设计，特别是针对参数化生成设计的探索相对较晚。进入 21 世纪，新兴建筑科技和设计理念在国内迅速发展。与此同时，我国经济的迅猛发展带来了建筑行业的飞速发展，创新的设计理念及新兴技术的探索和应用有了较广阔的发展空间。

徐卫国在《参数化设计与算法生形》一文中介绍了参数化设计的概念原理、设计过程和常用算法[25]。黄蔚欣和徐卫国从哲学思想中的多代理系统角度探索了参数化非线性建筑的生成方法[26]。高岩阐述了参数化设计出现的大环境与必然性、和传统建筑设计方法的优劣对比及其针对建筑业的作用效果等[27]。孙明宇、刘德明在《技术与艺术的数字整合——大跨建筑非线性结构形态表现研究》中阐述了非线性结构形态学的理论来源，归纳出单元繁衍、参数逆吊、结构拓扑三种非线性结构语言机制[28]。中国艺术研究院徐憎憎的硕士论文

《参数化非线性建筑设计对建筑艺术的影响》从理论、哲学思想、艺术与技术等方面探讨了参数化非线性建筑[29]。浙江大学马志良的硕士论文《建筑参数化设计发展及应用的趋向性研究》从起源和思想理论及软件平台和技术两方面介绍了参数化设计[30]。周铃等通过科技馆参数化设计案例的应用,结合科技馆的功能特点归纳了参数化形式生成方式和工作流程[31]。太原理工大学张龙的《参数化建筑设计的本土化研究》总结了我国当前参数化设计的现状及问题,提出了参数化建筑设计需要和我国的本土化环境、地域文化特征相结合的观点[32]。

从21世纪初开始,越来越多的参数化设计建筑在国内出现,2008年北京奥运会、2010年上海世界博览会推动了一系列参数化建筑在国内的建设进程,广州歌剧院、上海中心大厦等成为国内参数化设计建筑的代表。北京丽泽SOHO、成都艺术文化中心等建设项目展现出我国参数化建筑设计迅猛发展的进程。与此同时,国内产生了一批以参数化设计为主的先锋设计事务所,在国内外进行了比较成功的参数化设计实践,如MAD建筑事务所、BIAD UFO建筑工作室、XWG Studio建筑工作室等,代表性实践项目包括BIAD UFO建筑工作室设计的北京凤凰卫视国际传媒中心、MAD建筑事务所设计的美国芝加哥卢卡斯叙事艺术博物馆(Lucas Museum of Narrative Art,2019年)、意大利罗马古城中心公寓(71 Via Boncompagni,2017年)、北京朝阳公园广场(2016年)等。

在参数化设计教学方面,清华大学、同济大学、东南大学、华南理工大学、湖南大学、华中科技大学、香港大学等多所高校陆续开展了基于参数化设计的教学研究,并和国外多所院校开展教学合作,推动国内建筑参数化设计发展。清华大学的徐卫国教授是国内参数化设计教学实践的引领者,在其推动下,清华大学建筑学院进行了参数化设计的实践探索,开设了暑期参数化研习班等。东南大学从数字化生成设计的角度进行研究探索,开发了Cube1001、notchSpace、gen_house2007等生成算法[33]。西安建筑科技大学包瑞清撰写了《编程景观》一书,阐述了编程和Grasshopper联合使用的崭新的景观设计手段,鼓励设计师强化学习编程知识,使用基于参数化设计的方法[34]。国内"NCF参数化建筑论坛"等相关论坛利用网络强大的信息沟通能力进行传播与信息分享,促进了参数化设计的教学与传播。

以数字技术为代表的参数化技术还是一种在建筑设计各阶段、各环节辅助建筑设计的方法,可以应用在建筑设计的各个领域。孙澄宇将参数化建筑设计分为广义与狭义两种类型,其中广义参数化设计涵盖了建筑全生命周期设计、施工、运营中凡是应用了数字技术的所有方法、技术及其成果[35]。广义的参数化不仅可以作为设计思路和方法根据限定条件生成建筑形态,而且可以作为计算机辅助设计工具,广泛应用于参数化建模、设计、施工等各个领域。例如,哈尔滨工业大学李媛的博士论文《大跨建筑表皮的参数化设计方法研究》利用 Grasshopper 进行广义的参数化生成,参数化生成对象不仅包括建筑形态,而且渗透到设计的各个层面[36]。曾圣龙在《复杂异形建筑的参数化设计》中从工程角度探讨参数化设计在非线性设计实践中的运用,包括曲面表皮划分、复杂结构杆件的定位及施工深化出图、不规则立面展开等[37]。

3. 参数化设计的算法

算法(algorithm)是将人的诉求以计算机能够理解的逻辑结构进行描述形成的计算机指令。在日常应用中,算法也称为脚本、程序。参数化方法通过算法构筑参数关系,并用计算机语言描述算法,完成设计找形过程。根据对常用算法的整理,在这里把算法分为三类,即基本算法、图形算法、寻优算法。基本算法指基于某些逻辑关系的简单算法,如递推法、递归法等。图形算法指的是专门用于描述空间中的点、线、面之间的相互关系的一类算法。寻优算法指的是根据一定条件在一定范围内寻找最优解的方法。参数化设计中的几种常见算法归纳见表1.1。

表 1.1 常见参数化算法归纳

算法		特点
基本算法	递推法	通过从上到下、从前到后的常规步骤完成问题求解
	递归法	函数不断引用自身,直到运行结果达到运行次数或者某种停止条件
图形算法	极小曲面算法	寻找空间中一条封闭曲线围成的所有曲面中面积最小曲面的算法
	L 系统算法	描述树枝生长过程的算法,属于分形算法中的一类
	元胞自动机	由大量元胞及其相互作用关系构成复杂系统,可用来描述人的行为、建筑聚落生长及城市交通推演
	3D Voronoi 算法	按照最邻近的点划分空间
	多代理系统算法	建立由多个自主运行的代理(agent)组成的集体,agent 可以对自身环境、操作环境和环境变化采取行动,可代表人和信息源,模拟人群的运动等
	适配算法	将"处于游牧状态"、形态自由的原型和建筑功能进行适配,利用计算机强大的运算能力使二者获得统一

续表

算法		特点
图形算法	褶子算法	通过表皮的折叠形成建筑，表皮代替了结构、柱子，并创造了空间
	三维DLA算法	模拟人流流线运动规律，生成树枝状的分形结构
	Dijkstra算法	单点圆最短路径图形搜索算法，可以用来模拟人流运动的基本规律
寻优算法	穷举法	按某种顺序逐个验证，找到符合要求的解
	贪婪算法	在穷举法中得到一个相对满意的解即停止
	逼近算法	分段算法，比穷举法速度快，比贪婪算法结果精确
	遗传算法	模拟遗传规律筛选最优解
	退火算法	基于物理中固体物质退火过程获得最优解
	神经网络算法	模仿生物神经网络的结构和功能的数学模型或计算模型

1.2.2 性能导向建筑设计方法

根据相关文献，总结出性能导向建筑设计中常用的几种设计方法和原理，并比较其优缺点，见表1.2。

表1.2 性能导向建筑设计主要方法

设计方法	原理	优点	缺点
指标法	按照相关的设计标准、导则中的性能指标要求进行建筑设计	容易执行	针对性不强
模拟计算法	通过软件模拟得到性能指标指导设计	针对性强	反复调整方案比较耗时；只能得到模拟结果，不能给出优化措施
基准评价法	建立建筑能耗数据库，将需要评价的建筑物与相同类型、具有相同功能的参照建筑物进行对比分析	结合实际情况给出建筑能耗	需要数据库支撑
敏感性分析法	对建筑设计中的各个要素与性能之间的相关性进行分析，找到与性能相关性较强的设计要素	可以有针对性地给出具体优化措施	无法排除多因子之间相互作用对结果的影响

续表

设计方法	原理	优点	缺点
参数化性能寻优设计方法	使用最优化算法，筛选建筑中的可变参数，得到性能最优的方案	可以获得性能最优的方案，方案和性能优化过程结合紧密	只适用于建立了参数模型的方案，对复杂模型模拟时间过长
参数化辅助性能设计的其他方法	主要通过接口程序将建筑环境信息和性能模拟结果导入参数化软件，作为限制条件，进行方案优化	方便基于采光通风模拟结果进行表皮不规则开洞、开窗、遮阳等设计	对建筑体形的优化一般需要反复模拟修改，未能体现参数化优势

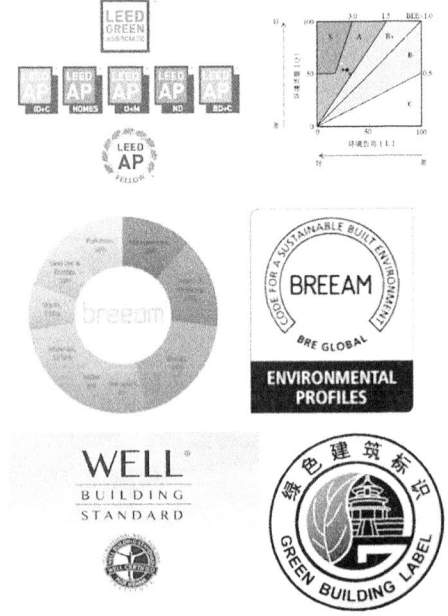

图1.2 指标法：绿色设计标准与导则

（1）指标法

指标法是指依照相关标准、导则中的设计条目指引进行设计，以满足围护结构传热系数、遮阳系数、建筑的体形系数等指标要求。LEED、BREEAM、WELL等国外建筑评价体系及国内绿色建筑认证标识等都属于指标法的范畴（图1.2）。依据标准、导则中的设计指标进行绿色设计的优点是比较容易执行，工程易用性较强。但是由于单一设计指标无法全面反映建筑设计中的复杂问题，所以设计指标与实际性能的相关性不强。

（2）模拟计算法

利用性能模拟软件对建筑性能进行模拟评估，得出性能模拟结果，指导建筑设计过程。设计流程分为设计、模拟、反馈、调整四个步骤。拉森（N. Lassen）认为绿色建筑设计的理想框架是：一方面通过性能模拟完成方案评价，实时提供性能反馈信息；另一方面强调建筑、暖通等各工种的协调配合[38]。模拟计算法的优点是方案的针对性较强；缺点是反复调整方案比较耗时，另外只能得到模拟结果，不能给出具体的优化措施，需要反复模拟比对才能得到最终方案。

（3）基准评价法

基准评价法指建立建筑能耗数据库，将需要评价的建筑物与相同类型、具有相同功能的参照建筑物进行对比分析，得出评价结果。根据齐艳、陈萍等的研究，基准评价的步骤包括核心问题确认、内部基准数据收集、外部数据收集、分析、转换五部分[39]。国外的基准评价工具以网络在线评价系统为主，包括美国的 EnergyStar、Arch、Cal–Arch 等。我国 2016 年发布的《民用建筑能耗标准》（GB/T 51161—2016）中的约束值与引导值也是通过基准评价法确立的[13]。根据王京京等对中美英三国建筑能耗基准评价的研究，美国的建筑能耗基准评价工作较完善，建立了多个数据量较大的基准评价数据库[40]。

（4）敏感性分析法

敏感性分析法是指对建筑设计中的各个要素与性能之间的相关性进行分析，找到与性能相关性较强的设计要素。敏感性分析法的优势在于能够在建筑性能设计中抓住对建筑性能影响最强、效果最明显的建筑要素进行重点提升，将具体节能措施分为主次要素进行设计过程的综合选择[41]。林宪德通过国内外多个城市中办公建筑各影响因子对总耗电量的影响进行敏感性分析，得出不同城市建筑朝向、开口率、遮阳等对能耗的贡献率，其中影响最大的是外窗开口率[42]。

（5）参数化性能寻优设计方法

寻优算法（optimization algorism）又称为最优化算法，主要作用是在具体问题中寻找最优解[43]。建筑物理性能优化过程也是寻找性能最优解的过程，因此也是最优化问题的一种。国内外相关研究中使用最优化算法进行性能设计的案例较多。林波荣、李紫微在《面向设计初期的建筑节能优化方法》中提出以整体能耗为评价因子的建筑设计方案目标寻优算法，并对算法进行了优化拓展[44]；周潇儒基于遗传算法和整体能量需求预测模型（简称 AEDPM）建立了最节能方案生成程序（MEESG），并据此建立了节能设计导则[45]；余琼优化了性能导向的最节能方案生成程序 MEESG[46]。在 MEESG 中，用户输入各项约束条件参数（建筑高度、朝向、围护结构特性等），指定可变参数，程序根据约束条件自动生成参数化模型，并利用遗传算法自动筛选，输出最节能方案。李紫微在硕士论文《性能导向的建筑方案阶段参数化设计优化策略与算法研究》中对办公建筑、住区进行 Grasshopper 参数化性能优化，并比较了两种能耗算法

MEESG 和 DesignBuilder 的准确性等（图 1.3）[14]。

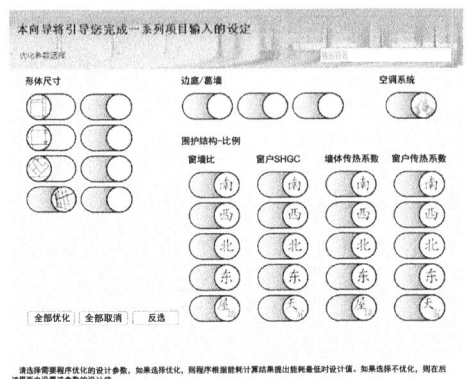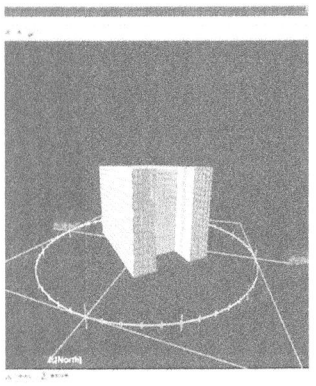

图 1.3　最节能方案生成程序（MEESG）[14]

孙澄、韩昀松提出用遗传算法进行参数化节能设计的基本思路，即建立建筑环境信息、评价目标、设计参量等，然后进行多目标建筑设计参量优化[47]。华南理工大学申杰利用 Grasshopper 进行参数化建筑生成，使用公式或导出到第三方软件（通过 Geco 导入 Ecotect）中进行节能评价，利用 Grasshopper 中的 Galapagos（遗传算法模块）进行自动优化[48]。

有研究提出以建筑周围风速为单一目标，进行单体建筑的体形优化，即使用遗传算法优化建筑冬季周围风速，以获得风速最小的建筑体形方案，并利用参数化方法进行多方案比选[49]。有学者用 Grasshopper 进行自由建筑体形的几何建模，并提取和建筑形态相关的参数，再用遗传算法获得能耗最低的建筑形态（图 1.4）[50]。通过对各种气候区模型自由建筑的优化，证明了其气候适应性；改变气候条件，建筑形态则随之改变。

有学者提出一种基于建筑设计阶段的多目标优化模型，模型的变量包括朝向、纵横比、窗墙比、墙体构造等，评价目标包括生命周期环境影响（life cycle environmental impact，LCEI）和资源投入，采用多目标遗传算法获得最优解，最终的优化方案在不同的目标权重下有不同的结果[51]。

GenOpt 是一个基于 Java 的遗传算法接口，通过设置调用方法，可以自动调用 EnergyPlus、TRNSYS、Dymola、IDA - ICE、DOE - 2 等所有性能模拟软件，读取模拟结果，对用户设定变量进行遗传算法优化，但是其设置过程比较复杂，设计人员比较难理解。

诺曼·福斯特（Norman Foster）在伦敦市政厅体形设计中使用了参数化性

能优化方法，设计参数包括倾斜角、高度、朝向等，将太阳辐射得热作为优化目标，利用 Microstation 三维 CAD 设计软件实现建筑体形的优化，如图 1.5 所示。伊东丰雄在日本岐阜县市政殡仪馆设计中运用 APDL 生成最优方案的算法，对建筑屋顶进行形体生成，并根据全年太阳位置测算屋顶边缘悬挑距离，以满足屋顶的遮阳需求。

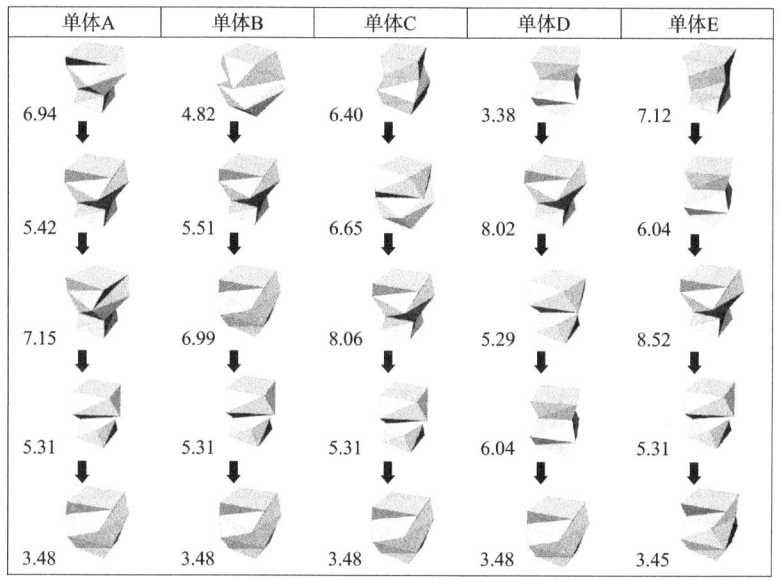

图 1.4　用遗传算法获得风压最小的建筑体形[50]

图 1.5　伦敦市政厅（诺曼·福斯特，2002）

（6）参数化辅助性能设计的其他应用

相关研究将参数化设计与绿色性能设计相结合，探讨绿色建筑设计与数字技术相融的可能性与具体方法。天津大学蔡一鸣的学位论文《融合参数化逻辑的绿色建筑设计研究》依靠参数化建模过程，将设计方案与性能模拟过程紧密结合，能够更直观、快速地获取性能信息用于设计决策[52]。天津大学游猎的硕士论文《可持续策略下的参数化建筑设计研究》从哲学思辨层面探讨可持续参数化设计理论[53]。南京工业大学蔡权的硕士论文《基于环境参量的参数化建筑设计研究》希望找到一种结合绿色设计理念的环境适应型参数化设计方法，具体方法包括以地形为参量生成台阶、以人的行为路径生成广场、以日照辐射为参量生成曲面格栅等设计实验[54]。孙澄等在《"性能驱动"思维下的动态建筑信息建模技术研究》中，在 Revit 和 Green Building Studio 云端能耗模拟工具（GBS）之间利用 C 语言建立软件接口，进而实现在 Revit 中直接提取能耗计算结果[55]。有研究提出高效的性能反馈设计流程，指出不同数据格式跨平台性能反馈的优缺点[56]。西南科技大学王少军的硕士论文《基于建筑采光性能的参数化设计研究》利用 Grasshopper 平台使用 Geco 插件进行采光性能模拟，并用 Radiance 进行分析[57]。哈尔滨工业大学张帆等在《基于环境参量的绿色建筑参数化设计研究》中探讨了在 Grasshopper 参数化设计中利用 Geco 插件引入 Ecotect 环境参数，辅助建筑表皮设计[58]。有研究通过接口程序的编写实现了设计建模软件 Rhino 与模拟软件 Ecotect、Radiance 等之间的性能数据交互[59]。卓琪淞等在《寒地大空间建筑形态的气候适应性优化策略研究——以盘锦邮轮码头客运中心为例》中介绍了在项目实践中以 Grasshopper 中的 Ladybug 与 Honeybee 分析模块辅助大空间建筑的气候适应性优化过程[60]。徐松月等在《基于风环境的参数化建筑表皮设计方法——以哈尔滨 E-14 地块项目概念设计方案为例》中以设计实例探讨基于风环境的参数化非线性建筑优化设计过程，主要利用 VE 进行风压模拟，导入 Grasshopper 控制立面表皮变化[61]。

（7）已有研究简述

目前在绿色建筑方案设计阶段有多种以提高建筑各项物理性能为设计目标的设计方法可供选择，各类方法各自的优缺点已在上文中进行总结。其中，参数化性能寻优设计方法能够通过计算机优化算法进行性能优化，最大限度地提升方案性能，获取性能最优的设计方案，在设计方法中具有较大优势。通过参数化优化方法，能够将设计过程量化，通过提取设计参数、计算机模拟等手段获取详细的性能信息，在方案设计初期强化性能导向的设计与优化，在一定程度上解决现有常规设计过程中设计方案与建筑性能脱节的问题。因此，本书对北方住宅绿色设计的研究主要基于参数化性能设计方法开展。

1.2.3 常用建筑性能优化工具

1. 常用性能模拟软件

建筑性能模拟软件是计算建筑能耗、采光、通风、热环境等物理性能,指导建筑绿色设计及标准、导则编制的得力助手,已经在建筑绿色设计领域获得广泛应用。目前模拟软件涵盖建筑能耗、风环境、光环境、室外热岛、声环境模拟等多种模拟目标,可为建筑设计提供广泛支持。表1.3为在建筑方案设计中常用的性能模拟软件汇总。

表1.3 常用性能模拟软件汇总

软件	建筑能耗	室外风环境	室内风环境	光环境	室外热环境	声环境
EnergyPlus	●					
Ecotect	●			●		
Radiance				●		
Daysim				●		
DIVA				●		
eQuest	●					
DeST	●					
DesignBuilder	●			●		
IES	●			●		
Phoenics		●	●		●	
Fluent		●	●			
ContamW			●			
ENVI-met					●	
Raynoise						●

注:●表示该软件具备该项目的模拟计算功能。

目前全球建筑负荷与能耗模拟软件超过100种,常用软件包括EnergyPlus、DOE-2、DeST等。DOE-2是最先开始研发的能耗模拟软件之一,根据其计算核心延展开发出了一系列模拟软件,如eQuest、Visual DOE、Energy Pro等。DeST模拟内核由清华大学主导开发,是国内主流建筑能耗模拟软件。EnergyPlus是由美国能源部支持研发的一款能耗模拟引擎。EnergyPlus没有可视化用户界面。OpenStudio 和 DesignBuilder 是基于 EnergyPlus 模拟内核的模拟软件,为 EnergyPlus 提供了用户界面。Ecotect 是 Autodesk 公司开发的针对建筑师的绿色设计及模拟软件,能够模拟建筑日照、采光、能耗等,以友好的界面及简便的操作为主要特征,但是在模拟结果的精确度方面较 EnergyPlus、DeST 等模拟内核差。

本书中的建筑性能模拟主要为建筑能耗与负荷模拟,主要通过 EnergyPlus 计算内核完成。已有研究表明,虽然不同能耗模拟软件的算法原理差异较大,但是只要保证模拟参数设置的统一控制,模拟软件计算内核对结果差异性的影响较小[62]。朱丹丹等比较了 DeST、EnergyPlus、DOE-2 三种能耗模拟软件的 ASHRAE140 标准算例模拟结果,得出不同软件的能耗模拟结果差异低于 40%,绝大部分算例低于 30%,基于 EnergyPlus、DeST 等计算模型的模拟结果可靠性较高的结论[63]。

Radiance 是美国能源部支持研发的一款建筑采光和照明模拟软件,借助蒙特卡洛算法改良的逆向光线追踪引擎进行日照模拟,广泛应用于建筑采光模拟分析中。Daysim 是由加拿大国家实验室主导开发的全年动态天然光模拟软件,能够按照天气信息数据模拟全年动态光环境,精确度较高。

在风环境模拟工具中,Fluent 是现在在国际上很受欢迎的商用 CFD 软件包,在美国市场上占比达到 60%,适用于流体力学、热传递和化学反应等众多领域的模拟。

2. 参数化性能优化工具

参数化平台可以通过各类参变量控制住宅方案优化,并具备一定的拓展接口,可以同其他性能分析工具相结合,成为各类建筑性能优化工具的载体。目前建筑优化领域的参数化平台主要有两类,即基于建筑参数化软件的工具包和用户自编程平台。建筑参数化软件目前较常用的有 Revit+Dynamo 组合及 Rhino+Grasshopper 组合,这两类软件有着适应建筑师工作模式的建模功能,对编程要求较低,且有面向建筑师的丰富插件库。但是相较于自编程平台,这类平台算法工具相对较少。

常用参数化平台对应的性能模拟插件及耦合的性能模拟软件总结见表 1.4。其中,Rhino+Grasshopper 组合的参数化平台在性能模拟方面的接口程序比较丰富,能够耦合常用性能模拟软件,满足大部分建筑性能模拟需求;

Ladybug & Honeybee 可调用能耗模拟软件 EnergyPlus 和 OpenStudio 进行能耗模拟,并调用 Daysim 和 Radiance 进行采光模拟;Geco 通过连接 Grasshopper 与 Ecotect 绿色建筑模拟分析软件能够实现在 Grasshopper 界面调用日照、采光等性能数据;Butterfly 可以调用 CFD 软件 OpenFoam 进行室内外风环境模拟。另外,通过 Grasshopper 内置的 Python、VB 和 C 语言编程模块能够实现用户自定义的性能优化设计过程。本书主要使用 Rhino 及 Grasshopper 作为参数化设计平台。

表 1.4 常用参数化平台与性能模拟插件

平台	参数化平台	性能优化插件	耦合性能模拟软件	用户编程要求	运行速度
已有软件平台	Rhino+Grasshopper	Ladybug&Honeybee、Geco、Butterfly 等	EnergyPlus、Openstudio、Radiance、Ecotect、OpenFoam 等	较低	一般
	Revit+Dynamo	Ladybug&Honeybee、Energy Analysis	EnergyPlus、Radiance 等	低	较慢
用户自编程平台	Matlab、Mode-frontier、GenOpt 等	无(需要自编程)	各类模拟软件	较高	快

Ladybug & Honeybee 是由宾夕法尼亚大学的兼职教授 Mostapha Sadeghipour Roudsari 设计的基于 Grasshopper 的开源工具,源码是基于 python,将建筑师所关心的日照、朝向、能源、热辐射、气流及可持续性等问题的相关运算封装成可视的运算器,从而简化建筑性能研究对研究者的编程能力要求。Ladybug & Honeybee 组成了一套完整的体系,从规划层次到建筑层次,结合太阳辐射、当地气候、风环境、地理位置等进行全面的分析[64]。它能够提供初步的气候分析,帮助建筑师做出粗略的区位选择,以及针对具体设计方案进行模拟。它将 epw 文件中的数字信息转换成可视的 2D 和 3D 图像信息,帮助建筑师直观地做出选择。它能够很快地对参数的设定做出反馈,动态反馈和交互性很好[65]。

另外,由奥地利 UTO 设计小组开发的 Geco 是 Grasshopper 平台下又一有力的插件,通过连接 Grasshopper 与 Ecotect 绿色建筑模拟分析软件,能够实现在 Grasshopper 界面中调用日照、采光等性能数据[66]。图 1.6 所示为利用 Geco

获取哈萨克斯坦阿斯塔纳国家图书馆（BIG 建筑事务所）方案的性能数据。

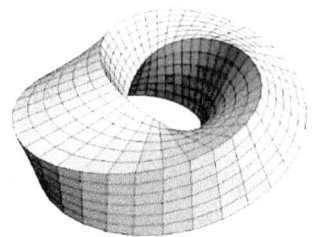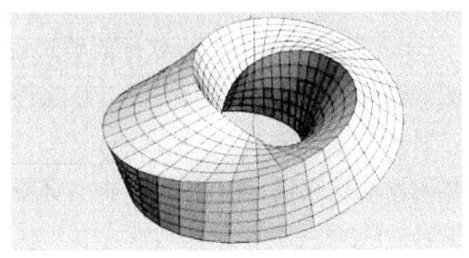

图 1.6　通过 Geco 获取性能数据[66]

1.2.4　北方住宅节能设计

节能和提高热舒适性，是住宅节能设计的两个主要目标。有学者通过在西安的住宅建筑中进行为期一年的现场调查，收集了 2069 份有效问卷和室内环境参数，结果显示居民的热舒适性需求随季节变化而变化[67]。相关研究对日本关西 13 户家庭进行了 18 个月的仪器测试及问卷调查，以了解其热环境状况和能源消耗。有研究在丹麦收集了 636 份住户行为与动机热环境控制调查问卷[68]。陈滨等于 2001 年对大连市 550 户住宅的采暖设备和室内热环境进行了问卷调查，并对 30 户有代表性的住宅进行了温湿度实测调查，分析了冬季建筑围护结构对室内温湿度及居住行为的影响[69]。

在我国，北方城镇冬季采暖能耗是建筑能耗最大的组成部分，北方城镇住宅采暖能耗约占建筑总能耗量的四分之一。本书前期的研究中，通过对寒冷地区样本住宅进行实测及问卷调研，分析和探讨了现阶段影响北方住宅节能的不利因素，以及北方住宅节能中需要重点改进的关键问题。通过对样本住宅的分析，发现我国寒冷地区冬季供暖能耗存在以下不利因素：

1）集中供热终端温度调节能力差，导致室内过热。由于户型空间布局的影响，有些房间温度较低。因此，热量分布不均和温度调节不足是造成热能浪费的主要原因之一。

2）采暖方式多为集中供暖，采暖能量结构单一，可选择性较弱。

3）居民在冬季普遍有开窗通风的习惯，造成大量热量损失。因此，可以考虑采用减少热损失的通风方式，从而满足冬季居民的通风需求。

1.3 研究目的及意义

1. 措施导向到性能导向:改善北方住宅节能现状

北方城镇住宅能耗是我国建筑能耗最大的组成部分,北方住宅节能是我国建筑节能的重中之重。当前国内大部分绿色建筑设计是由政府主导的节能设计措施为导向的设计体系构成的,表现为以绿色节能设计标准为核心推动力,强调主动式设计措施的绿色设计技术运用,在常规建筑设计的基础上使用多项节能设计措施,以达到相关标准规范要求。但是在具体的建设实施中,主动式绿色建筑设计措施可能由于建设、维护及运行成本较高无法达到预期的节能效果,反而造成一定的资源浪费。根据绿色建筑使用后性能评价的相关调查,设计标准提高并不意味着实际效果有同步的提高,实际效果与设计目标有时不仅不匹配,而且存在较大差距[11]。2016年发布的《民用建筑能耗标准》(GB/T 51161—2016)提出以建筑建成使用后的实际节能减碳效果作为建筑节能评价依据,正是针对这一现状而提出的。

本书中的研究基于科技部于2016年发布的"十三五"国家重点研发计划项目"目标和效果导向的绿色建筑设计新方法及工具",旨在将常规的措施导向的绿色建筑设计方法转变为性能目标导向的设计方法。性能导向的建筑设计是指在设计的全流程中,以建筑的绿色性能为方案决策的出发点,以提升实际节能效果等性能要素为设计目标,从居住区布局、住宅单体方案设计的早期阶段开始,以应用被动式节能措施为导向进行绿色设计。同时,以数字技术为支撑,通过能耗、采光、通风等建筑性能模拟手段,获取建筑的各项性能模拟结果,然后以性能模拟结果为导向进行方案设计和方案优化。研究以绿色性能目标为导向,以绿色低碳为出发点,应用于北方住宅建筑单体设计,通过方案前期阶段的智能绿色设计方法与工具的研究提升住宅节能减排效果,以被动措施优先的原则,在几乎不增加建设成本的前提下,发掘北方住宅方案设计阶段节能潜力,提升实际节能效果。

2. 经验设计到数据设计:推动绿色性能导向住宅数据设计方法应用

传统的绿色建筑设计通常依托建筑师的主观经验完成,由设计者对建筑的气候条件、体形、功能布局、围护结构等各项设计特征进行主观判断,通过主观经验确定设计措施是否有利于提升建筑节能及采光等绿色性能。常规设计方法可以归纳为基于经验的设计,这种设计方法依赖建筑师的主观判断,可能会造成设计方案与实际节能效果的偏差。

本书中的研究希望以基于性能模拟数据的设计过程支持,代替常规基于设计者主观经验的设计过程。数据设计综合应用计算机数据分析方法,以建筑绿色性能模拟为导向,通过计算机算法获取建筑设计过程中的能耗、采光、通风等数据。同时,面向建筑师建立工具平台,以参数化设计、基于案例推理设计(CBD)、人工智能(AI)和机器学习方法(ML)[70]为理论支持,构建符合建筑师工作和思维习惯的设计辅助工具平台。在整个设计过程中,形成人机协同的设计模式,由计算机向建筑师提供方案的各项数据,辅助建筑师进行方案决策,形成由建筑师主导的、人机交互的新型设计流程与思维模式。基于数据的设计优势在于,在整个设计过程中,由数据科学评判绿色设计效果。在方案设计的各个阶段,以科学的效果评价指标指导建筑师设计决策,为建筑师提供科学、直观、可视化的设计参考,避免主观经验造成的设计方案与节能效果的偏差。

3. 正向设计到逆向设计:提升住宅方案设计阶段绿色性能潜力

在住宅建筑方案设计过程中,出于低碳需求,需要综合考虑建筑的绿色性能。目前建筑师在方案设计与绿色性能设计过程中通常采用"正向"的设计流程,即通过确定设计方案—模拟反馈性能信息—修改设计方案—进行下一次模拟反馈的方式进行设计方案优化。这种绿色设计优化方法中,性能模拟过程通常需要反复进行,也意味着需要反复手动修改设计方案、反复调整性能模拟模型,整个设计过程通常比较烦琐。而且,即使经过多次修改,依然无法确保优化后的方案是性能最优的方案。在具体工程应用中,由于反复模拟修改耗时费力,方案设计阶段的绿色性能优化通常无法充分进行,这就导致目前住宅方案设计与绿色性能设计过程中普遍存在"断口"的问题,即方案设计流程与绿色设计流程脱节。在大部分住宅建筑设计中,通常只能在方案设计完成后,通过增加外遮阳装置、优化围护结构性能和窗墙比、增加主动节能措施等方法达到绿色节能要求,方案阶段绿色设计潜力仍有较大挖掘空间。

本书中的研究以"逆向"的设计流程为主,逆向的设计流程即效果导向的设计流程。通过参数化及智能生成算法,探索目标和效果导向的绿色住宅数设计新方法,实现将方案设计过程和绿色设计过程统一,在方案设计初期统一建筑师设计意图和建筑性能指标。通过住宅建筑空间逻辑生成,使住宅建筑设计流程与性能导向的建筑设计方法相适应,通过参数化优化算法获得具有性能优势的建筑方案。在逆向设计流程中,建筑师以绿色设计工具平台为依托,输入设计条件和性能目标,计算机根据设计条件生成大量符合设计需求的方案,建筑师可从中优选出性能最优的设计方案。

现有建筑绿色设计工具由于操作烦琐,通常无法满足住宅建筑方案设计初期的用户需求,并且需要大量暖通专业知识,通常需要依靠节能设计专业人员辅助完成;设计过程通常耗费大量人力物力,影响了绿色设计效果。本书中,通过住宅智能绿色设计工具的开发,简化设计流程,使绿色设计易于理解与控制,为建筑师在设计过程中提供参考。

1.4 研究对象及内容

1.4.1 研究对象界定

(1) 北方住宅

根据《住宅建筑规范》(GB 50368—2005),住宅建筑是指供家庭居住使用的建筑(含与其他功能空间处于同一建筑中的住宅部分),简称住宅[71]。

本书的地域研究范围主要为我国北方地区,地域选取主要依据气候区划进行。本书所指的北方地区包含《建筑气候区划标准》(GB 50178—1993)[72]中规定的严寒及寒冷地区(气候Ⅰ区及气候Ⅱ区)。

本书中所研究的住宅建筑主要指国内城镇中常见的多层(建筑层数大于3层)、高层集合住宅类型,住宅内一般包含多个住户,居住单元之间使用公共走廊和楼梯、电梯连接,未包括独栋、联排别墅等低层住宅类型。

在本书的软件平台开发和算法编写中,主要针对一梯两户、一梯三户、一梯四户、一梯多户、走廊式的多层、高层住宅类型,住宅层数大于3层、小于等于30层,单户户内面积为$20\sim250m^2$。目前初步版本的软件工具仅支持一梯两户住宅类型的方案自动生成及优化,后续算法开发中将继续拓展对更多住宅类型的支持。

(2) 建筑性能

建筑性能（building performance）可以分为广义、狭义两种概念。本书所研究的建筑性能导向设计中描述的建筑性能是指绿色建筑、建筑物理环境和能耗相关指标，包含建筑的能耗、碳排放、采光、通风、热舒适、围护结构传热系数等与绿色建筑相关的建筑物理性能，是狭义的性能概念。

在本书中的软件开发和算法编写中，为了简化计算，提高方案设计前期的优化速度，对住宅平面的建筑性能模拟仅包括了采暖和制冷负荷，暂未考虑采光、照明能耗及通风、碳排放等多因素对住宅平面的影响。在后续工作中，拟从绿色节能单目标优化扩展到能耗、采光、通风、碳排放、热岛等多性能目标优化，增强工具对多性能目标的数据反馈。

(3) 方案阶段

依据国际能源署（IEA）工作会议内容，通常将建筑全生命周期分为方案设计、初步设计、详细设计、建造施工、运营维护、拆除处理六个阶段。其中，方案设计阶段是确定建筑体形与功能的主要阶段。相关研究表明，方案初期阶段的设计方案对建筑物理性能的影响超过 40%[73]。因此，本书研究的住宅绿色设计过程主要聚焦于建筑设计方案初期，主要通过优化住宅单体建筑体形、朝向、窗墙比、空间布局、围护结构等，挖掘被动式设计措施在住宅建筑方案阶段的节能潜力，提升方案初期住宅建筑的性能。

1.4.2 主要研究内容

(1) 绿色性能导向的住宅参数化设计方法与流程梳理

从提高北方地区住宅绿色设计的实际效果出发，提出将常规的以措施为导向的设计方法转变为以绿色性能目标和效果为导向的设计新方法。性能导向设计流程突出以绿色节能目标为导向，通过参数化设计和人工智能新技术的应用，在方案设计整个过程中辅助建筑师进行绿色节能效果分析，通过提供大量可视化方案及性能数据，辅助完成设计决策。

首先，通过新旧两种设计方法的流程、区别和优劣分析，提出基于数据的效果导向设计流程在提升住宅实际绿色性能方面具有显著优势。效果导向设计流程的优势在于能够在设计阶段为建筑师提供更加科学、高效的基于性能信息数据的决策支持系统，简化性能优化过程，挖掘并提升建筑方案阶段的节能潜力。

然后，搭建了性能导向的设计全流程框架，从设计策略、方法路径、数据工具、理论基础多个层面,对设计全流程的方案设计、设计优化、建设实施到效果评价中性能导向设计方法的应用进行总结和梳理。

(2) 人机交互的住宅方案自动生成设计方法与算法研究

为了在住宅方案设计前期实施绿色性能导向的设计方法与流程,基于参数化生成设计方法,开发住宅自动生成设计方法及算法。通过模拟建筑师住宅设计思路,以及户型原型特征参数提取—方案自动生成—限定条件筛选的基本技术路线,编写参数化算法,实现北方住宅标准层方案的自动生成。

本书中住宅智能生成设计方法的作用与优势在于:在住宅方案设计前期发挥计算机强大的运算能力,生成大量可行的设计方案,通过与绿色建筑性能模拟工具结合,在获取的大量方案中优选出具有节能优势的最优方案,并提供数据和可视化信息,供建筑师基于能耗模拟数据进行方案决策。通过人机交互的住宅方案自动生成设计方法与算法,在住宅的绿色性能模拟数据基础上完成设计决策,提高方案阶段设计决策的科学性与准确性,发掘住宅方案阶段节能潜力。

(3) 性能导向的绿色住宅性能优化方法与算法研究

针对已有住宅标准层方案的优化问题,提出了性能导向的绿色住宅性能优化方法,基于参数化与遗传算法,进行住宅方案与性能的关联优化,并开发了北方住宅性能一键优化算法。已有研究中基于遗传算法进行建筑性能优化的相关研究较为普遍。常规的参数化优化需要首先选取优化参数,建立参数化模型,然后调用遗传算法进行方案优化。对于住宅方案设计阶段的实际项目应用来说,常规方法前期工作量和技术门槛相对比较高,通常难以广泛实施。所以,本书的研究针对北方住宅标准层的方案优化过程编写了简化的算法,通过算法自动完成户型特征识别,自动判定优化参数,建立参数化模型,自动调用遗传算法进行方案优化,实现了人机交互的方案智能一键优化,简化了方案优化过程。

(4) 开发面向北方住宅智能绿色设计工具平台"住宅设计节能助手 TH - Green House Designer"

基于以上性能导向的住宅绿色设计方法与算法,开发了住宅智能绿色设计平台"住宅设计节能助手 TH - Green House Designer"。平台主要面向建筑师,应用于北方住宅方案设计前期的单体标准层平面设计阶段,主要功能包括方案自动生成、实时能耗可视化、方案自动和手动优化、自动生成标准层平面、自动 3D 建模和自动生成报告等。平台初步版本的开发工作已经基本完成,其中内核程序基于 Grasshopper 及 Python 语言开发,界面基于 C 语言开发。平台主要分为四个功能模块,即设计条件输入模块、方案自动生成与性能可视化模块、人机交互的方案自动优化模块及结果报告生成模块。目前该平台已经获得软件著作权并申请发明专利。

(5) 性能导向住宅绿色设计方法与工具的实际工程应用

为了检验性能导向住宅参数化设计方法、算法及工具在实际项目中的应用效果,将以上方法和工具应用在北京万科翡翠长安示范项目中,对该方法与工具进行实际工程验证。在示范项目单体方案设计前期,从住宅标准层的空间布局形态生成到户型与标准层方案自动生成与优化,获得具有性能优势的最终方案。示范项目来源于"十三五"国家重点研发计划项目"北方地区城镇居住建筑绿色设计新方法与技术协同优化"(2016YFC0700206)。

1.5 研究框架

本书的研究框架如图1.7所示。

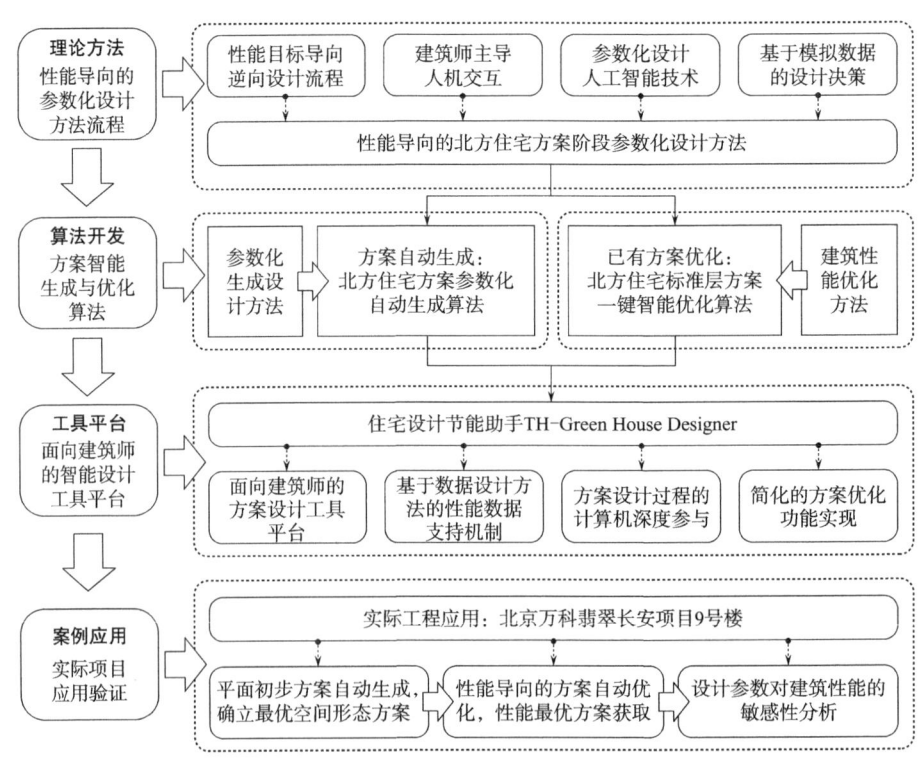

图1.7 研究框架

第 2 章　性能导向的住宅参数化设计方法流程构建

2.1　性能导向住宅参数化设计特征

2.1.1　特征 1：基于数据的设计方法

常规建筑设计通常遵循的设计过程是，从设计者的主观意志出发进行设计条件的解析、设计概念的实施，再到设计方案的形成，整个设计流程由头脑思维控制，并人为地把设计者的主观意志不断呈现，这一设计流程也可以称为基于经验的设计流程。在整个设计过程中，设计者的主观意志占据主要地位，各项设计条件的解读、设计需求的理解及设计特色的体现都是由人脑的主观过程控制的，设计决策主要依靠设计者的经验系统完成，设计的优劣直接由设计者的主观感受与设计经验决定，如图 2.1 所示。

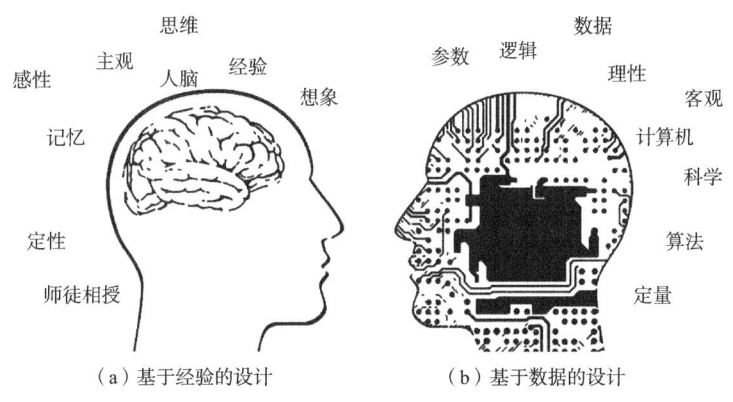

(a) 基于经验的设计　　(b) 基于数据的设计

图 2.1　基于经验的设计和基于数据的设计对比

建筑设计是一个需要综合项目中各项设计条件完成设计决策的复杂过程，特别是随着现代社会的高速发展，建筑设计过程中需要整合的设计需求日益复杂与多元，传统的依靠主观思维进行设计决策的设计流程中，通过头脑加工处理设计各个层面的纷繁复杂的设计需求对设计者来说通常越发困难。另外，以头脑思维过程主导的设计过程主要依赖建筑师的主观经验，设计者对设计过程的决策判断是由主观思维控制的，较容易由于设计者主观经验差异对设计决策的正确性与优劣造成影响。例如，在建筑绿色设计中，方案的绿色性能为主要设计目标，凭借主观经验，仅能通过控制朝向、遮阳、体形系数及增加主动式节能措施等概略控制方案的节能效果，这往往会造成一定偏差，且建筑的实际节能效果往往无法通过基于经验的设计准确判断，可能造成建筑的实际节能效果与设计措施的背离。

缺乏快速、可靠的数据支持极大地影响了建筑师的判断决策，影响建筑师对性能、效果、影响因素及其敏感性和贡献率的把握，导致实际效果与设计目标的偏离，无论是显性的与形式相关的绿色设计策略（规划布局、建筑设计、户型和细部设计），还是隐性的绿色技术策略（性能相关的技术应用），都难以取得预期效果。随着计算机性能模拟技术的出现，绿色设计中的数据支持越来越重要。

根据项目研究成果，本书总结了数据设计在绿色住宅设计全流程中的应用范围，分别从设计策略、方法路径、数据工具、理论基础四个层面进行分析，如图2.2所示。

首先，在理论基础层面，计算机数字技术的革命性发展为数字设计提供了技术基础。一方面，计算机性能模拟技术的出现使计算机能够对能耗、采光、通风、热环境等建筑物理性能进行基于真实环境的预测，给出模拟数据；另一方面，基于参数化生成设计、人工智能设计、案例推理设计等理论，设计者通过设计目标参数的设定，通过计算机算法控制自动生成方案，促成人机关系的革命性改变，构建人机协同设计模式。

在设计方法与路径层面，从设计的目标解析到方案设计再到建设实施及使用后效果验证的建筑设计全流程都可基于数据支持。首先，在设计开始阶段，通过各项设计条件参数、性能目标、环境参数的目标解析和指标设定，将各项设计条件信息以参数的形式输入计算机；其次，在方案设计阶段，通过参数化涌现生成、户型库特征筛选的基本思路，计算机能够提供大量可行的设计方案，

第2章 性能导向的住宅参数化设计方法流程构建

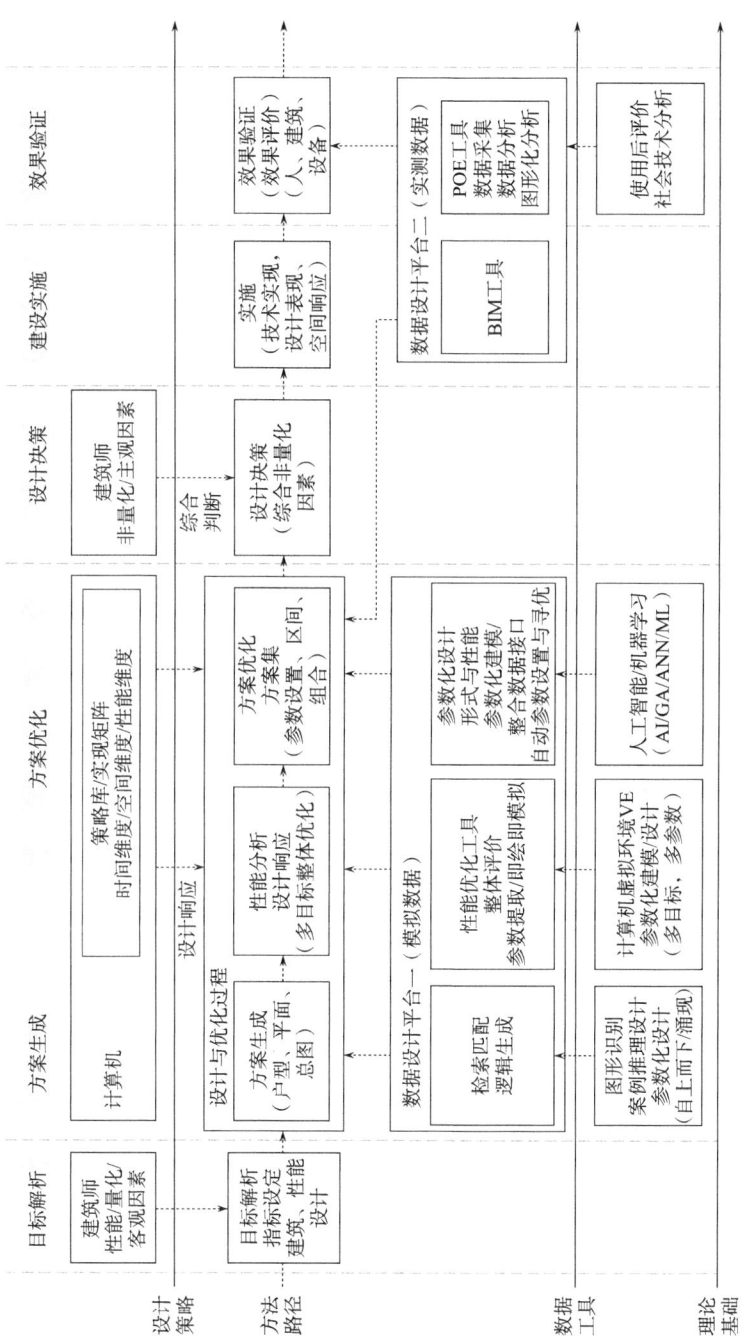

图2.2 基于数据的住宅绿色设计框架

供设计决策参考，并可通过性能模拟与多目标优化等流程，获取绿色性能最优的设计方案；再次，在建设实施方面，通过建筑信息模型（building information model，BIM）的运用，促进各工种协同工作，有效提高工作效率，节省资源，降低成本，其中数控加工技术的发展也有效提升了施工质量，节省人力；最后，在效果验证阶段，通过使用后评价（post occupancy evaluation，POE）过程进行数据采集、分析，获取建筑性能评价结果。

在设计策略流程层面，数据设计方法的引入使计算机能够代替建筑师进行大量重复性工作。建筑师只需完成建筑设计条件的解析、设计目标的设定，以参数化的形式输入计算机，由计算机完成大部分设计与优化过程，并将基于数据的量化结果提交给建筑师，建筑师通过人机交互功能，综合量化与非量化、主客观因素完成设计决策。数据设计在简化设计流程的同时提高了设计过程的科学性与逻辑性。

在数据设计工具层面，通过各项工具平台的建立，形成面向建筑师的设计工具体系，有力辅助建筑师进行从方案阶段到深化实施阶段全流程的数据设计。首先，在方案设计阶段，一方面，通过性能模拟获取方案性能信息，再通过遗传算法（genetic algorithm，GA）等优化算法进行方案优化，获取性能最优方案；另一方面，通过智能生成设计工具完成户型、平面、总图等的方案生成。然后，在建设实施和效果验证方面，分别通过 BIM、POE 相关工具辅助进行。本书的研究中开发的北方住宅智能绿色设计工具平台（TH‑Green House Designer）就是基于数据设计原理开发的应用于住宅方案设计前期阶段的设计辅助工具，同时基于住宅方案前期数据设计需求开发了参数化自动生成算法、性能导向的住宅性能优化算法。

2.1.2 特征2：逆向设计流程

在常规的建筑设计中通常的设计过程可以归纳为正向的设计流程，从设计条件的分析到设计概念的实施再到设计方案的形成，整个设计过程是由建筑师主导完成的，建筑师设计建筑方案，由人的主观思维决定和控制建筑方案中的每一个设计步骤，这一设计流程也可以称为"自上而下"的设计流程。

随着计算机数字技术的革命性变革，建筑业面临着思维方式的转变。参数化技术作为数字设计的基础，呈现了另一种完全相反的建筑设计思维，即逆向的建筑设计方法。参数化建筑设计的设计流程是"自下而上"的,在整个设计过程中,设计流程与传统设计是完全相反的。在参数化设计过程中,建筑师不直接设计建筑方案本身,甚至在设计过程中不知道最终获得的设计方案是什么,而是首先从设计条件、设计目标等条件参数出发,在设计参数和设计结果之间建立内在的关联关系,通过计算机算法让方案"自然地呈现"。在参数化设计流程中,结果是自动生成的,参数化设计的主要任务是过程的设计。

可以用"授之以鱼不如授之以渔"来形容这两种设计方法的异同,即正向的设计方法的目的是获得鱼塘中的"鱼",逆向的设计方法则是考虑"渔"的过程,捕鱼的过程建立后,就能够自然而然地得到无数条鱼。在逆向设计流程中,首先考虑设计中需要达到的设计目标,通过设计条件与设计结果之间关联关系的建立,能够自动获得满足设计目标的大量方案。逆向设计流程避免了设计结果与设计目标之间的背离,与传统设计流程相比更加科学与高效,并且在设计条件与建筑方案之间建立关联关系,一旦设计条件改变,能够自动生成新的设计方案,避免了常规设计流程中的大量重复性工作,大大提高了设计效率。

1. 正向绿色设计流程:设计·模拟·优化

既有的住宅绿色设计遵循的是正向的设计流程,整个设计过程分为设计、模拟、反馈、调整四个步骤。在这个过程中,性能模拟反馈和设计是分别进行的,是两个分开的系统,设计者通过设计—反馈—修正—再反馈的过程获得最终方案。在这一流程中,通过性能模拟结果的实时反馈实现设计方案的优化。

如图2.3所示为常规的正向绿色设计流程。这一设计方法的优点是,方案的针对性较强,基于方案模拟信息完成方案的绿色设计优化,具有一定准确性与科学性。但是这一方法的缺点也比较明显:一是需要通过反复模拟与调整方案才能获得最终方案,比较耗时费力;二是通过计算机模拟只能得到模拟结果,计算机不能给出具体的优化措施,需要人工调整设计方案,再通过反复模拟比对得到性能较优的方案。

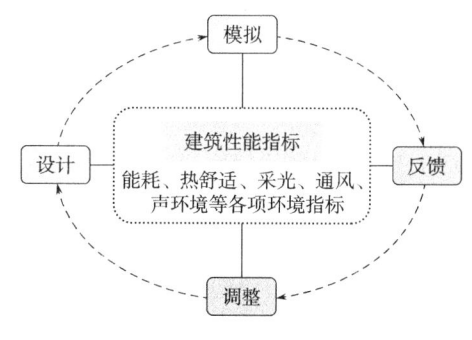

图2.3 正向绿色设计流程

2. 逆向绿色设计流程：目标设定·自动生成·方案选择

随着计算机数字技术的飞速发展，计算机革命性地改变了设计过程的因果关系，改变了建筑师接受计算机单向提供数据和不断修改方案以求得性能优化的正向设计流程，转向目标和效果导向，即先有目标后有方案，建筑师设定目标和参数指标，计算机据此生成和提供满足性能要求的方案。如图2.4所示，逆向的设计流程，即目标导向的设计流程，是基于数字技术与参数化技术的设计方法流程，能够从根本上解决方案设计与模拟分析之间的时滞性问题。设计者首先设定能耗、日照、通风、碳排放等性能目标，确定设计参数，建立参数化模型，通过计算机实现更为高效的优化反馈。由此，设计者可以完成高度复杂的多目标方案优化，获得多种复杂条件下的最优方案。

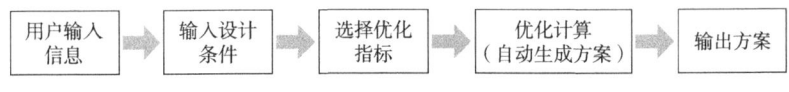

图2.4 逆向绿色设计流程

在正向的性能设计过程中，方案设计过程和性能模拟过程是脱节的，建筑师通过反复模拟—反馈—修改—再模拟的过程得到性能相对较优的设计方案。在实际应用中由于模拟过程滞后、反复模拟耗时等原因，通常性能优化不充分，没有充分挖掘建筑体形的性能潜力。在逆向的性能设计流程中，通过参数化技术将体形设计过程和性能优化过程统一，在方案设计初期统一建筑师设计意图和建筑性能指标，充分提取并最大化地利用设计条件作为设计参量，让建筑方案与设计条件产生响应，利用参数化技术，在一定参数限定条件下实现建筑方案的自动涌现，利用寻优算法获得具有性能优势的建筑方案。

在正向的绿色设计流程中，计算机通过性能模拟向建筑师单向提供数据（性能信息），整个设计方案由建筑师完成，并由建筑师依据性能反馈信息手动修改设计方案。正向设计过程存在耗时长、性能优化不充分等问题。逆向设计流程则解决了上述问题。在基于参数化方法的逆向设计过程中，计算机在绿色设计中的作用扩大了，通过算法的编写能够自动完成绿色设计与优化的整个或部分过程，将设计与优化结果直接提交给建筑师进行选择。

图2.5为基于计算机数字设计的绿色住宅逆向设计流程构架。在逆向设计流程中，计算机和数字技术的优势得到充分发挥。首先，在住宅的绿色设计层面，

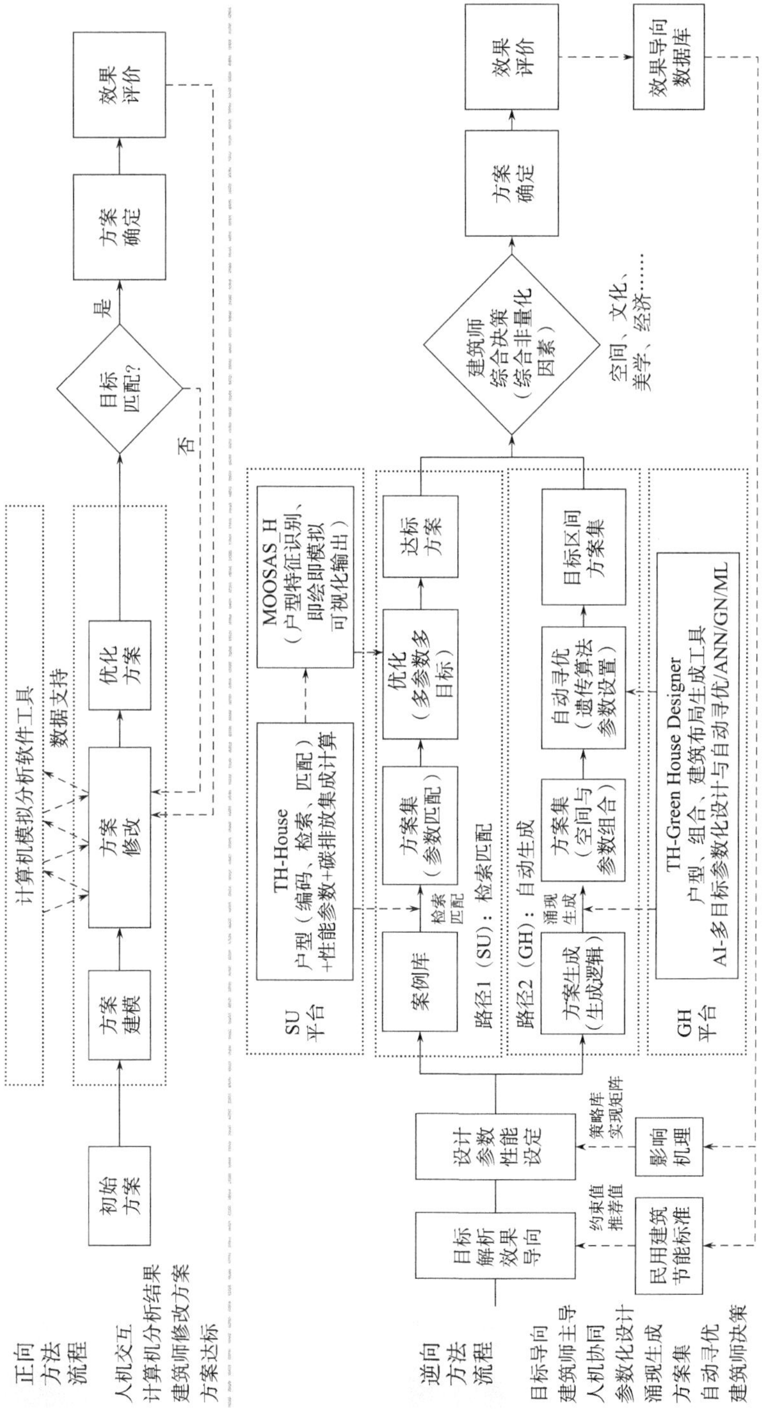

第 2 章 性能导向的住宅参数化设计方法流程构建

图 2.5 基于计算机数字设计的绿色住宅逆向设计流程构架

根据参数化技术和涌现理论，基于参数化生成设计方法中强大的找形能力，通过对各项设计条件参数及关联关系的界定，建立参数化算法模型，能够实现大量设计方案的自动涌现及快速修改功能，使计算机能够部分代替建筑师进行高效的方案设计与修改。并且，得益于计算机强大的运算能力，利用涌现生成方法能够得到大量参数组合的比选方案，以及对应的性能模拟结果，依据大量数据完成最优方案的筛选，充分挖掘建筑方案的绿色节能潜力。其次，从设计者的层面来看，在逆向的方法流程中，建筑师的部分重复性工作可以交由计算机进行，同时通过引入计算机人机交互功能，建筑师的设计主导性也得以加强。通过人机交互功能，建筑师能够在参数化设计过程随时介入，修改参数，计算机依据参数变化重新计算和显示方案修改结果，为建筑师提供方向性建议。通过人机交互逐步获得满足性能要求的最优解，或者通过遗传算法寻优在一定范围内计算得到满足性能要求的方案集，将方案集进行建筑三维模型与性能列表，建筑师从中选择满足设计意图的方案。

2.2 性能导向住宅参数化设计流程构建

2.2.1 性能导向住宅方案阶段参数化设计流程的框架构成

为了在住宅建筑绿色设计过程中基于参数化数据设计方法进行性能导向的逆向设计，基于"十三五"国家重点研发计划项目"目标和效果导向的绿色建筑设计新方法及工具"成果，构建了一套目标导向的参数化设计方法和工具体系。该体系以数字技术为依托，通过计算机技术实现在住宅设计方案阶段的多平台、多工具综合协同，通过以参数化涌现生成及人工智能技术、案例推理设计方法为主的数字技术实现全流程的辅助决策，并通过人机交互系统实现实时、可视化的建筑师综合决策支持。该体系的主要框架由四部分构成，如图2.6所示。

（1）方案信息输入层

在住宅方案设计中，影响设计的各项条件包括所在地区气候条件、场地周边环境、用户设计需求、相关建筑标准等。在方案信息输入阶段，建筑师输入需求的设计参数和性能目标，通过建筑原型归纳与编码等，将设计条件以参数化编码的形式输入计算机，为后续流程做准备。

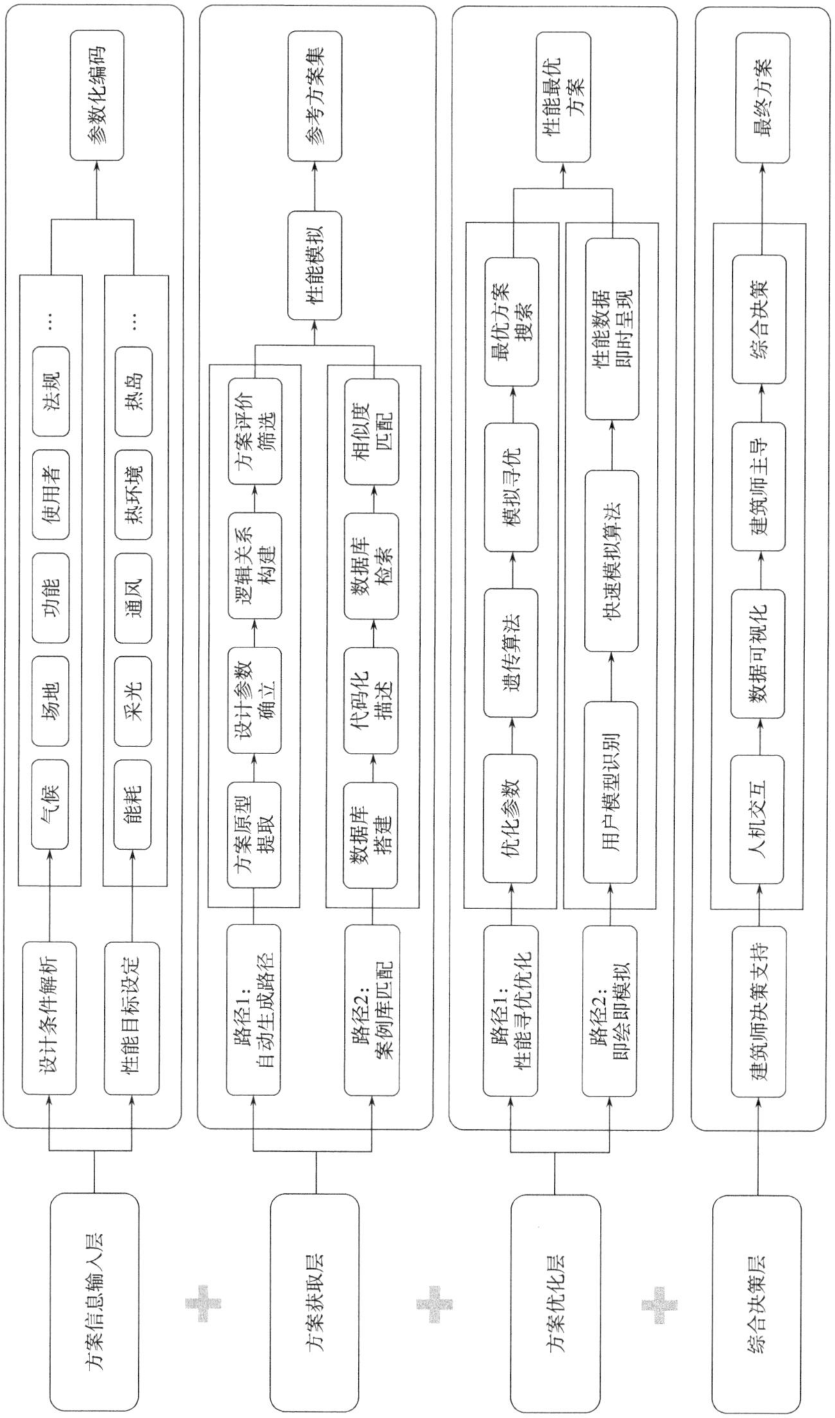

第 2 章 性能导向的住宅参数化设计方法流程构建

图 2.6 性能导向住宅参数化设计框架

(2) 方案获取层

在这一层级中,计算机通过参数化生成设计、案例推理设计等生成设计方案,并依靠性能模拟过程支持,对方案进行性能优化。这一层级主要包含两种技术路线:

第一种技术路线是基于参数化生成设计方法进行方案的自动生成,通过设计方案智能生成的方法获取方案。在这一技术路线中,通过模拟建筑师住宅设计思路,对常见住宅方案原型进行特征提取,根据提取的设计特征进行参数化方案自动生成。本书的研究中编写的北方住宅标准层方案参数化自动生成算法即属于这一技术路线(具体内容详见本书第3章)。研究中开发的北方住宅智能绿色设计工具平台"住宅设计节能助手 TH-Green House Designer"中也包含了住宅单体方案的自动生成功能(具体内容详见本书第5章)。

第二种技术路线主要基于常见住宅方案的优秀案例库完成方案获取。由于住宅类型和形式具有典型性、特殊性与规则性,所以基于案例推理设计方法将户型特征、平面组合和总图布局各层次的空间关系信息进行代码化描述,然后通过数据库检索和相似度匹配获取与所需方案高度近似的多个已有方案,提供给建筑师进行参考比选。相关工具平台包括基于 Sketchup 平台开发的住宅户型检索工具 TH-House v1.0。

(3) 方案优化层

这一层级主要针对已有设计方案的性能优化问题。在这一流程中以计算机性能模拟结果为评价依据,对住宅建筑的能耗、采光、通风等各项性能指标进行模拟分析,获取绿色性能指标较优的设计方案。这一层级包含两种技术路线:

第一种是基于遗传算法的设计方案参数化优化方法。这一方法中,首先由用户设定性能目标和待优化参数,计算机通过遗传算法在待优化参数的参数变化区间内进行算法寻优,同时自动调用模拟软件进行无人值守的反复性能模拟,获取性能模拟结果最优的设计方案。本书第4章对基于遗传算法的住宅性能优化方法进行分析,开发了针对北方住宅标准层方案优化的简化优化算法,并应用在"住宅设计节能助手 TH-Green House Designer"的方案优化功能中。

第二种是基于简化的住宅性能模拟算法开发。在建筑师手动调整方案过程中,计算机实时呈现修改后的能耗、采光等性能数据的变化情况,跟随方案变化即绘即模拟,快速提供性能评价数据,人机交互完成方案设计的性能优化。相关工具包括基于 Sketchup 软件开发的住宅实时性能分析插件 MOOSAS-H。

MOOSAS-H在MOOSAS基础上延伸开发,用于住宅的方案阶段整体设计优化,针对北方地区住宅的性能分析开发算法,在建筑师方案设计和调整过程中识别所搭建的三维模型和围护结构特征,并提取相关参数,针对采暖、空调、照明、天然采光和日照进行综合分析,即绘即模拟,为设计过程快速提供绿色性能参考。

(4)综合决策层

最后一个层级是设计者与计算机的人机交互过程。建筑方案的形成不仅涉及性能与功能等容易量化的层面,还涉及艺术、法规、使用习惯、实施可行性等多个层面,是一个综合决策的过程。在这一过程中,计算机通过友好的人机交互接口实时呈现多种备选方案及方案的各项信息,形成方案集,为决策提供直观的参考,辅助建筑师进行综合决策。

通过以上技术路线,建立工具平台,能够实现逆向的设计过程,将方案设计过程与绿色设计过程统一,最大限度地发掘方案阶段的节能潜力。

2.2.2 性能导向设计流程中计算机与设计者关系辨析

AI和低碳时代的建筑师正面临知识挑战,基于计算机技术的设计辅助工具平台的建立革命性地改变了设计过程的因果关系,建筑师与计算机在建筑设计中扮演的角色也发生了一定程度的转变,建筑师与计算机的关系从建筑师单向接受计算机提供数据的"正向"设计流程转变为建筑师给出设计条件,计算机据此提供满足性能要求的方案的"逆向"设计流程。数字技术与建筑设计的结合能否简单理解为将设计的主体从人转变为计算机?数字时代设计者与计算机的关系问题具体可归纳为如下几点:

1)由性能主导的设计过程是否弱化了建筑师的主观设计意图的艺术表达?

2)随着人工智能技术的发展,计算机自动完成设计方案生成,设计的主导者是否会由建筑师转变为计算机?

3)由计算机参与的设计过程中,建筑师起到了怎样的作用?

因此,有必要分析在设计范式与思维方式革命性转变的情形下建筑师与计算机之间的相互关系,探讨数字时代建筑师的地位与角色。

如图 2.7 所示,建筑设计是理性和感性、主观与客观、量化与非量化因素交织的过程,在计算机参与的效果导向设计过程中,建筑师仍然起到设计主导作用,建筑师仍然是设计的主体,产生的设计方案仍然是建筑师主观设计意图和设计理念的体现。目标和效果导向的数据设计方法和工具平台充分尊重建筑师的主导地位,"既要挖掘设计师在设计过程中更深层次的需求和习惯,又要充分发挥信息技术在数据存储、检索和转化方面的特性,将设计需求习惯与信息技术适应性地融为一体,从而使设计过程更加理性、高效和令人愉悦"[74]。

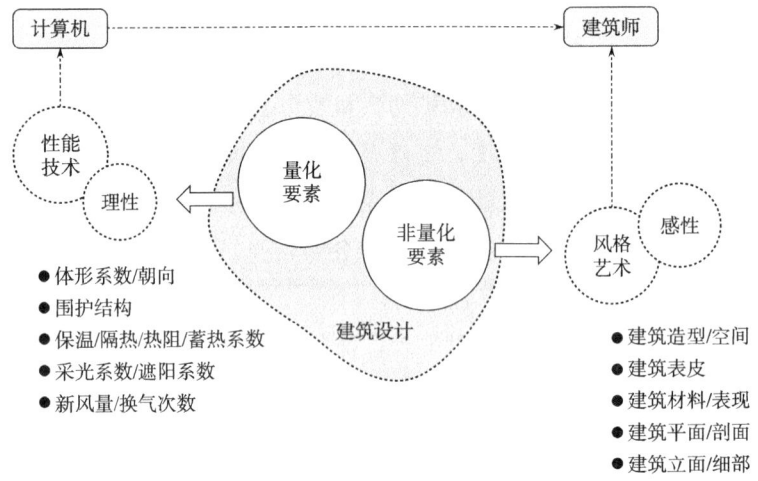

图 2.7 性能导向设计流程中计算机与设计者的关系

在性能导向的住宅设计流程中,建筑师的主导地位体现在以下几个方面:

第一,在性能导向的设计流程中,建筑师不必再做设计中大量的重复性工作,且可通过丰富的人机交互功能随时干预设计决策。得益于计算机算法,建筑师能够从烦琐的设计建模与手动修改中解脱出来,从而能够更加关注设计本身。常规的绿色设计中,建筑师通常需要将精力放在性能量化因素的设计优化中,既需要像工程师一样关注热工等物理性能和要求的实现等理性层面,又需要以建筑师的视角关注风格、艺术等感性层面;而在性能导向的设计流程中,性能量化因素由计算机获取与分析,将结果以可视化形式直接呈现给建筑师。理性层面的设计需求完全由计算机实现,建筑师得以将关注的重点放在造型、风格、艺术等感性的非量化因素上,通过综合量化与非量化因素完成设计决策。

在计算机协同设计中,造型、风格等美学因素实际上也可作为量化的评价指标,但是在艺术层面,计算机的人工智能实现有很大难度和局限性,计算机无法像人一样进行感性的审美活动,因此一般难以通过计算机对非理性因素进行有效的判断。所以,建筑师仍需要在设计过程中发挥更大作用,通过技术和艺术、理性和感性之间的综合评价获得最佳的设计方案。

第二，利用参数化设计、人工智能设计等技术进行的设计方案涌现生成中，软件工具并非代替建筑师成为设计的主体，而是建筑师主动利用软件工具完成设计过程，设计的本质从结果的设计转变为过程的设计，过程和生成设计更趋完善。通过人机协同，充分发挥计算机和人工智能技术的优势，在设计过程中引入案例推理设计方法、遗传算法、机器学习，通过户型检索和方案生成等提高建筑师工作效率，改变建筑师受计算机提供的数据限制修改方案的设计流程，转向以目标和效果为导向，建筑师设定目标，计算机据此生成和提供满足性能要求的方案集，建筑师依据设计意图综合诸多因素进行决策。同时，通过使用阶段的实测数据进行人、建筑和设备的特征分析，完成设计缺陷诊断和设计优化，提高实际效果。在该方法和工具中，建筑师的作用还是主导性的，只不过"武器"更新了。

第三，在工具开发中主动考虑和适应建筑师的工作和思维习惯。首先，以建筑师熟悉的工具平台为基础整合数据接口，方便调用各种成熟的数值模拟分析软件。其次，通过参数化建模关联数据与模型，将体形、空间、尺寸和性能参数化，将方案修改、参数设置与性能优化结合。最后，应用新技术支持性能导向的方案生成与自动寻优过程，获得快速分析结果，开发具有针对性的算法。

第四，建筑师主导的人机协同不是一般意义上的人机交互，而是计算机参与设计的过程，充分发挥建筑师、计算机和人工智能技术的特长，大量工作交由计算机完成，建筑师作为前期目标设定者和后期方案决策者，并且可以在计算机方案生成和模拟分析过程中随时介入，调整参数，把控方向，主动应对设计中复杂的主观与客观、量化与非量化因素，完成数据支持下的综合评价、判断与决策。

2.3 性能导向的绿色设计策略库构建

如何实现数据在建筑设计中的响应？如何建立量化参数与设计的关系？通过建立策略库，可以达到三个目的：①明确不同空间维度和时间维度的设计内容；②梳理住宅建筑绿色设计影响机理、影响因素及其敏感性；③建立指标体系、设计参数与节能主体之间的映射关系并形成设计导则。

通过参数化设计与建模、策略库和实现矩阵，将抽象的设计控制指标和参数与可操作的具体建筑设计建立映射关联，实现性能提升的建筑设计响应。

策略库构架是一个综合空间维度、时间维度和性能维度的整体（图2.8），以北方地区住宅绿色设计影响机理研究为基础，以时间维度为X轴（生命周期的设计、建造、使用和拆除阶段），以空间维度为Y轴（从规划、建筑、围护结构到材料部品），以性能维度为Z轴（指标体系与技术参数），直观建立政策、气候、经济、技术影响下的策略库，并细化为实现矩阵，关联目标与效果、耦合技术与性能、映射指标体系、设计参数与节能主体，如图2.9所示，从指标体系、控制标准、设计参数、规划设计、技术应用、建设过程、行为规范等方面全方位为建筑师提供设计指引，为将性能参数落实到建筑设计提供支持。

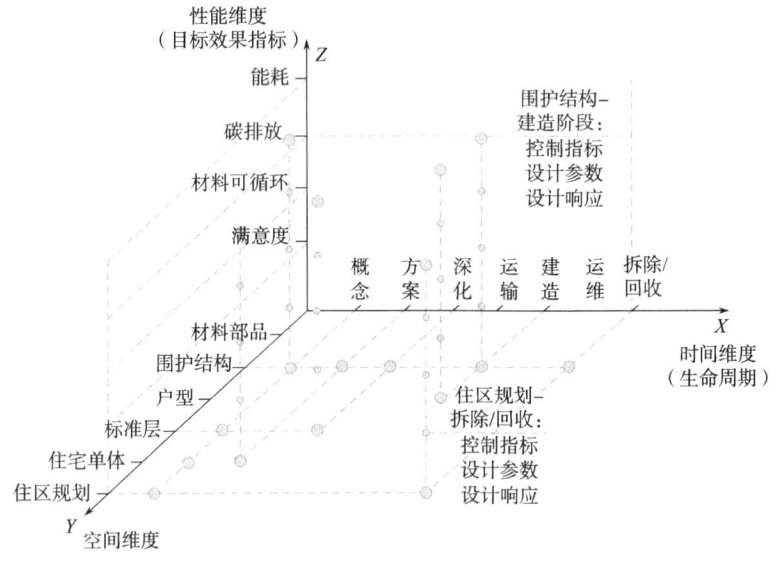

图2.8 性能导向的绿色设计策略库构架

基于三个维度构建的策略库明晰了工作内容，在空间上落实到各个层级，在时间上落实到各个阶段，在性能上将控制指标落实到责任主体（建筑、人和设备），操作性强。以X轴为例，阶段任务清晰明确：方案阶段的建筑设计内容包括总图、平面、户型及组合的参数与尺寸设置，性能设计内容包括保温材料、外窗、遮阳、新风系统设计与技术经济性分析；初步设计阶段的设计内容包括外墙、门窗、屋面、阳台、女儿墙、热桥、保温性、气密性、遮阳、通风组织、节点构造优化与成本分析；施工图设计阶段的设计内容包括关键节点构造设计和性能分析；建造施工阶段的工作内容包括建筑信息模型过程控制和技术实施；使用阶段的工作内容包括环境控制设备正确操作和用户行为规范。

第 2 章 性能导向的住宅参数化设计方法流程构建

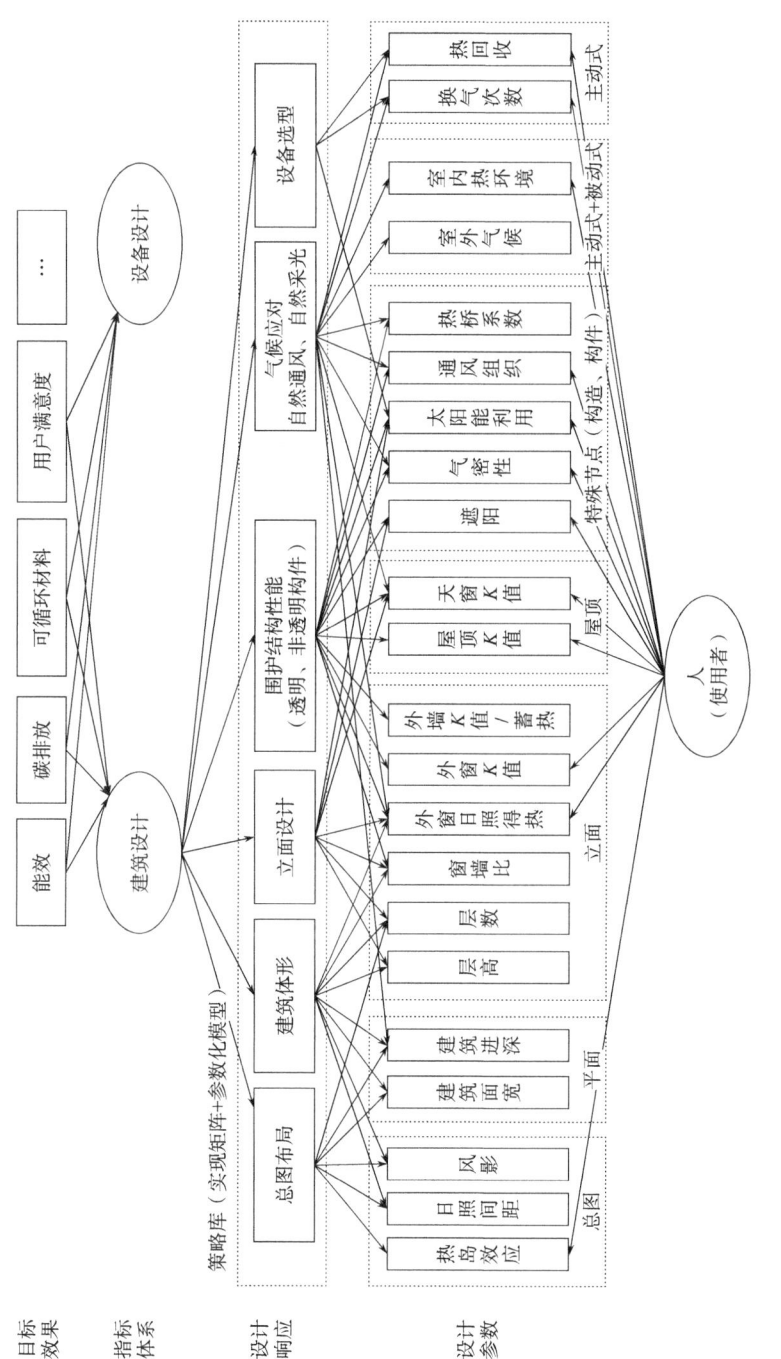

图 2.9 策略库映射关系

建立策略库的意义在于将指标体系、设计参数与节能主体之间的映射关系具体化,将控制指标、设计参数对应到建筑设计的内容(体形、围护结构)和具体要素(平面、立面、门窗、遮阳和热桥等),并通过实现矩阵细化为设计导则,纳入宏观要素(政策、经济、气候、技术),针对可操作的主体(建筑设计导则、用户行为模式规范、设备运行控制),回应建筑师的设计关切(功能、空间、形象)与性能关切(性能、参数、指标),将绿色建筑性能评价(耐久性、节能、节材、节地、节水和环境友好)具体落实到设计应对(功能布局,空间组合,建筑平面、立面、剖面,材料性能与装饰……),以获得更精确的形式与尺度(总图布局的日照通风与热岛效应、建筑的空间与体形、平面基底尺寸、进深、面宽、层高、层数、立面的虚实关系与窗墙比、通风遮阳构件的性能与建筑化表现……)、更好的围护结构性能(表皮材料、构造、保温、蓄热、气密性、热桥……)、更高效的技术集成(主动式技术与被动式技术、自然通风、自然采光、可再生能源、太阳能与建筑一体化……)及更高的用户满意度(物理环境舒适度、智能化控制、生活节律与行为模式个性化需求……)。在示范项目中,将绿色设计目标和性能提升(节能30%、碳减排40%、满意度达75%、可循环材料使用率达10%)具体落实到建筑、人与设备。

上述绿色住宅指标体系形成的控制性设计参数框架给建筑设计留下了宽裕度,特别是明确了建筑设计应当承担的责任之后,更有利于在策略库和实现矩阵的指导下拓展建筑设计的创作空间。

第 3 章 北方住宅方案参数化自动生成设计方法与算法

在第三次科技革命的时代背景下，建筑师面临知识、定位和设计范式的转变。基于数字技术的计算机生成设计是新一轮革命性技术的集成应用，是国内外新兴的热门研究领域。ArchiGAN 能够根据平面轮廓自动生成房间家具摆放设计方案[75]；深圳小库科技有限公司开发了用于住区强排设计的智能规划系统[76]，如图 3.1 所示；东南大学李飚、韩冬青基于复杂系统模型进行了建筑平面生成等[33]。目前关于建筑生成设计方法的大部分研究尚处于探索阶段，进入应用阶段的住宅建筑设计综合工具平台较少。国内大部分基于生成设计方法开发的应用工具主要从住区规划强排角度出发，以提高土地利用率和经济效益为目的进行住区规划方案智能生成设计，以获得更经济、更高效的设计方案。目前以绿色住宅的节能减排为设计目标、针对住宅单体绿色设计的生成设计研究较少。

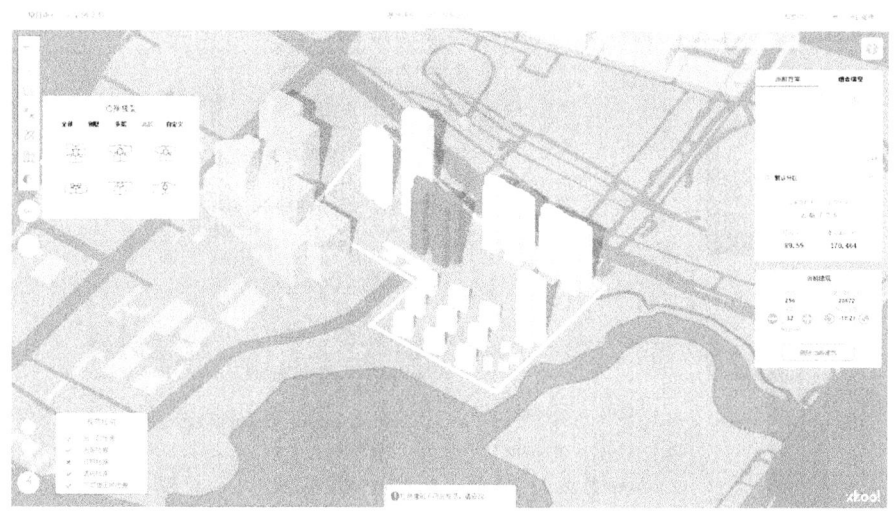

图 3.1 小库智能云设计平台界面[76]

当前的建筑方案自动生成算法包括两种路径：一种是基于参数化设计方法的数字生成路径，另一种是基于机器学习中生成网络的人工智能算法路径。

人工智能路径的优势在于计算机能够通过机器学习的黑箱过程自动学习方案特征，无需人为建立生成逻辑。从目前的技术成熟度来看，基于机器学习的生成对抗网络应用于自动设计过程相对较不成熟，生成对象一般仅为静态的位图数据，且精度有限，要形成有效的设计方案还需要进一步加工处理，生成结果有一定局限性。如图3.2所示为生成对抗网络住宅应用案例。

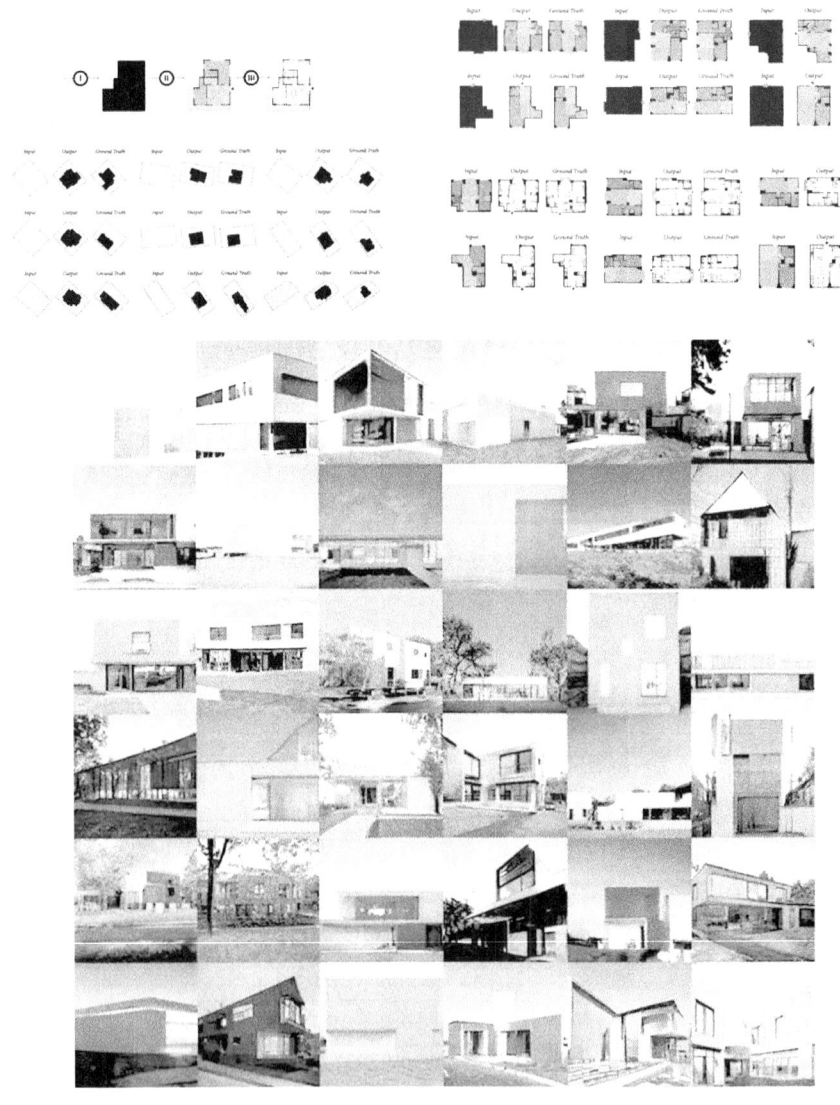

图3.2　生成对抗网络住宅应用案例

第 3 章　北方住宅方案参数化自动生成设计方法与算法

基于参数化生成算法的路径，是基于人为的经验总结完成设计过程。至少在现阶段，将建筑师的经验、方法赋予算法，应用在实践之中，无论效率还是结果，都要超过简单的机器学习。另外，由于参数化信息模型自身的特点，参数化生成结果能够包括方案全套设计信息，生成的设计方案完整度较高。由于本书的研究基于"十三五"国家重点研发计划项目"目标和效果导向的绿色建筑设计新方法及工具"，强调与实际工程结合的绿色设计方法与工具的研发，需要完成相对完整的技术应用，所以本书中的生成算法主要基于参数化生成设计方法完成。

3.1　北方住宅参数化生成设计方法概述

在参数化数字技术获得广泛应用的大趋势下，本书将参数化生成设计与性能导向的住宅绿色设计过程相结合，建立北方住宅参数化生成设计方法。以住宅建筑绿色节能目标为出发点，针对住宅设计前期绿色设计潜力挖掘不足的普遍问题，遵循性能导向的逆向设计流程，提出住宅自动生成设计方法流程，并开发相关算法。通过模拟建筑师住宅设计思路及户型原型特征参数提取—方案自动生成—限定条件筛选的基本技术路线，编写参数化算法，实现北方住宅标准层方案的自动生成。该北方住宅方案参数化生成设计方法能够较明显地促进设计前期被动式绿色设计措施的实施，在不增加建设成本的前提下提升北方城镇住宅节能效果和能源利用效率，具有较强的现实意义与较高的应用价值。

3.1.1　参数化生成设计基本原理

1. 计算机生成设计方法

生成式设计（generative design）的定义本身比较宽泛，不同侧重点的定义通常给出各自的理解。广义的生成式设计并不一定需要依靠电子计算机，甚至一个人、一支笔、一张纸就可以完成；有机建筑领域的生成式设计通常指通过模拟自然的演进方法设计有机的变异和选择方案。本书中的生成式设计一般是指利用计算机程序算法完成的设计过程[77]，通过构建程序算法，计算机自动生成设计结果。它是一种利用计算机的计算能力支持设计人员的设计工作，使设计过程的某些部分自动化的过程[78]。

建筑生成设计与参数化设计方法密切相关，将参与设计的各项设计条件进行数字化描述，是完成设计生成的基础。东南大学李飚、韩冬青认为，建筑生成设计是计算机技术发展的产物，从计算机辅助设计中逐渐分化成为独立的研究领域。建筑生成设计不仅包括狭义的辅助绘图，还包括辅助建筑设计的各个过程。建筑设计由各种系统因素决定，包括功能、空间、形态、成本等诸多方面，利用计算机强大的运算能力，可对以上多个复杂因素进行辅助分析，简化建筑设计中需要长时间演绎的复杂问题。

简单来说，建筑生成设计是一种对建筑方案设计过程的机器实现，即要完成"简单模型到复杂系统模型的逐步提升"[79]。

2. 参数化设计基本概念

参数化设计（parametric design）的本质是参变量化设计，也就是把设计过程参变量化，使整个设计受参变量控制，每个参变量控制或表明设计结果的某种重要性质，改变参变量的值会改变设计结果[25]。金建国等认为参数化设计方法可以描述为"基于约束的产品描述方法"，产品的整个设计过程是约束规定、约束变换求解及约束评估的过程[80]。清华大学建筑学院徐卫国教授认为，参数化建筑设计不仅是一种设计方法，而且代表了一种新的技术革命，基于数字技术的飞速发展，参数化方法与技术能够使得常规建筑设计中非常复杂的问题通过更理性、更科学的方法精准地解决。

参数（parameter）一词来源于数学概念，主要用来表示数值可变的量化因子。参数通常代表系统中某个变量的数值，并与系统中其他部分产生相互关系。例如，在坐标系中描述一个圆形需要周长、圆心等因素，周长、圆心 x 坐标、圆心 y 坐标则是系统中的参数，当参数改变时，整个系统（圆的形态）也相应发生变化。

在建筑参数化设计中，将建筑设计过程中的各项因素作为参数，在参数与设计结果之间建立形式生成的逻辑关系，通过逻辑关系的构建，在参数与设计结果之间建立联系，通过参数的确定使建筑方案涌现出来。常规设计方法中通常直接完成建筑方案的设计，是一种面向结果的设计，参数化设计过程则主要是建立参数关系与生成逻辑，可以归纳为对过程的设计，如图3.3所示。

设计参数可分为条件参数、可变参数和依存参数。条件参数是指设计任务书中的边界条件参数，包括气象数据、用户功能需求及设计规范等；可变参数是指由设计师主观决定的、能够在一定范围内变动的参数，是主要的优化目标；

依存参数是指与条件参数和可变参数相互关联的参数，由条件参数与可变参数的数值决定。

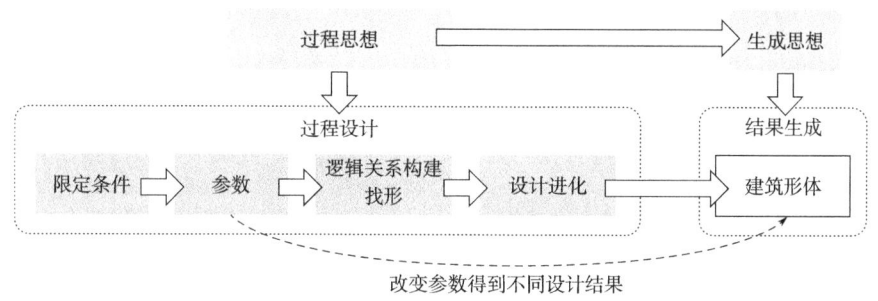

图 3.3　参数化设计方法的基本逻辑

参数化设计在当代虽然以计算机技术的形式呈现，但早在计算机技术产生以前，参数化设计的方法就已经被建筑师运用在设计中。西班牙建筑大师安东尼·高迪（Antonio Gaudi）的很多设计中明确使用了参数化设计方法，如圣家族大教堂的设计过程就属于参数化设计范畴。高迪在圣家族大教堂设计中使用绳子和铅弹制作实体模型。把绳子固定在一起，再把不同重量的铅弹固定在绳子上，固定好的绳子就形成了一种复杂的形式，然后把得到的形式倒立过来，就得到了教堂的设计方案。如图 3.4 所示，这一设计过程满足参数化设计的所有要素。首先，它具有一系列独立的设计参数，包括绳索长度、锚点位置、铅弹重量。其次，参数和形式之间的生成逻辑是由一种自然定律，也就是重力法则来决定的。悬链模型在参数和建筑形式之间构建了一种形式生成的逻辑关系，这种关系的建立过程就是"参数化建模"的过程。在这个设计过程中，设计结果随着参数变化而变化，只要改变绳索长度、固定点位置、铅弹重量等设计参数，就可以生成大量不同的教堂设计方案[81]。

计算机参数化技术在建筑中的运用被认为最早出现在 20 世纪 40 年代建筑师路易吉·莫瑞提（Luigi Moretti）的著作中，其设计的水门综合大厦被认为是第一个大量使用计算机技术的实际工程[17]。之后，从 Sketchpad 计算机绘图软件到参数化商业软件 Pro/E 再到运用 Catia 完成的古根海姆博物馆，参数化技术与建筑领域的结合愈加紧密[82]。参数化设计主要通过计算机语言构建参数算法，完成设计过程。参数化设计的作用不仅在于生成不规则的建筑形式，其本质在于将设计中不同层面的具体问题作为"参数"进行量化处理，利用计算机强大的运算能力获得最优的解决方案。

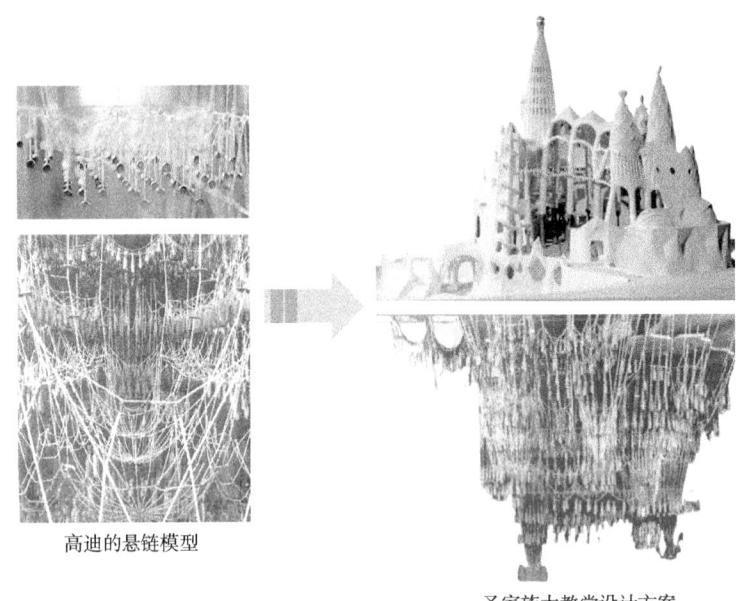

高迪的悬链模型

圣家族大教堂设计方案

图 3.4　由悬链模型生成圣家族大教堂设计方案

3. 参数化设计常用工具

如图 3.5 所示，从软件工具层面来看，参数化设计可以归纳为两种方法。

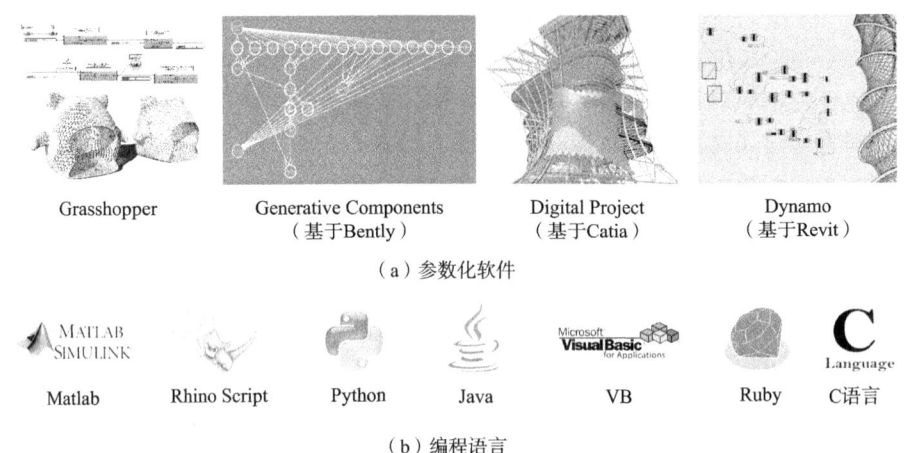

Grasshopper　　Generative Components（基于Bently）　　Digital Project（基于Catia）　　Dynamo（基于Revit）

（a）参数化软件

Matlab　　Rhino Script　　Python　　Java　　VB　　Ruby　　C语言

（b）编程语言

图 3.5　参数化设计常用工具

第一，通过常用参数化设计软件完成参数化建模。参数化软件是将参数化设计中的逻辑过程简化为易于用户操作的界面工具，用户通过软件工具提供的逻辑关系选项完成参数化设计过程。常用的参数化软件包括 Rhino 平台的 Grasshopper、Autodesk Revit 平台的 Dynamo 及基于 Catia 内核的 Digital Project（弗兰克·盖里公司开发）等。

第二，当参数化设计软件功能无法满足参数化设计的复杂要求时，通常使用计算机编程的形式实现参数化建模。常用的计算机编程语言包括 Python、Rhino 平台下的脚本语言 Rhino Script、Java、C++等。

本书中的北方住宅绿色设计相关算法及软件工具开发基于 Grasshopper 软件工具及 Python、C 语言共同实现。

3.1.2 参数化生成设计流程

基于参数化设计的建筑生成过程可以描述为一个结果导向的逆向设计流程，设计的目标是寻找设计参数及关联关系。在整个设计过程中，需要协调设计目标与设计条件之间的逻辑关系，构建参数化生成体系。参数化生成设计流程如图 3.6 所示。

（1）提取设计参数

由于参数化设计是以计算机数字技术为依托的设计方法，所以需要将设计的各项信息转换为计算机能够识别的数据信息，其中包括设计条件、设计方案形成的各项驱动要素。例如，住宅绿色设计有不同户型面积、不同房间类型等要求，这些都是参数化设计的前提。

（2）构建参数逻辑关系

在性能导向的设计目标指导下，分析各项设计条件参数与设计结果之间的关联关系，构建参数与结果之间的生成逻辑。

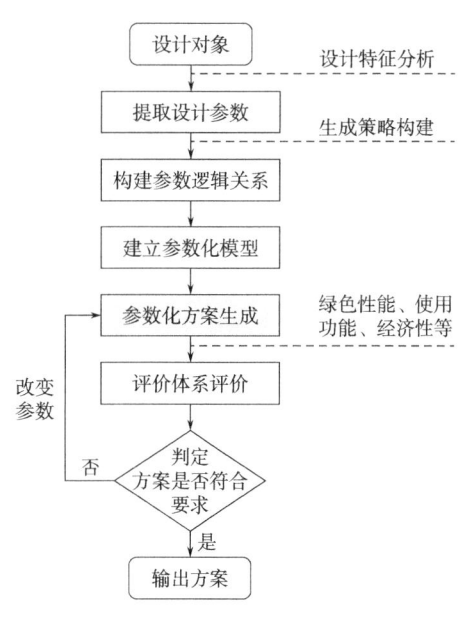

图 3.6 参数化生成设计流程

（3）建立参数化模型（算法）

完成参数逻辑关系的归纳后，需要通过计算机算法对逻辑关系进行代码化描述，建立设计参数与设计结果之间的参数化模型。在参数化设计过程中，参数化模型的建立能够发挥计算机运算能力，通过设计参数的改变，在短时间内提供多种设计结果供建筑师评价选择。

（4）建立评价体系

生成方案是否合理是参数化生成设计面临的一个很重要的问题，其实就是控制方案质量问题。建立评价体系，对生成的参数化模型进行性能评估，用评估算法测试生成的设计结果能否达到评价体系要求，是否满足设计的初衷，并通过调整评估值使之在评价系统可接受的范围。评价体系可以包括设计中的各个层面，包括功能合理性、绿色性能目标等。另外，虽然美学相关要素也是方案设计中的重要层面，但是由于美学要素通常难以量化分析，计算机算法在评价形式美要素中通常作用有限，一般不需在参数化设计过程中对美学要素进行评价，而是在设计生成完成后由建筑师完成非量化要素的设计决策。

3.1.3 北方住宅参数化生成设计特点

在北方住宅单体建筑方案设计前期，依托参数化生成设计方法，总结并提出一种基于参数化的性能导向设计方法及流程。以数字技术为依托，实现用户输入方案基本信息，如户型面积、房间数量、标准层类型、朝向等，计算机通过算法自动生成大量符合要求的户型方案，通过能耗模拟过程获得方案的性能信息，供建筑师参考。编写的住宅建筑方案自动生成算法，通过对常见户型原型的参数提取和限定条件筛选这两个基本思路，能够实现住宅标准层方案的自动生成，也就是用户输入一些户型基本信息，通过算法能够自动生成大量符合要求的户型方案，并提供方案的性能信息，供建筑师参考。

北方住宅参数化生成设计方法具有以下特点：

1) 基于性能导向的数据设计原理，在设计方法和流程中突出目标和效果导向，充分利用数值模拟和实测数据，充分利用成熟的软件工具提供全过程数据支持，以计算机模拟数据和实测数据支持设计优化，形成闭环反馈，改措施导向为效果导向，关注点从设计值转向实测值，以减少技术堆砌，确保性能实现。

2) 以建筑师为设计主导，建立人机协同工作平台，重新界定人机关系，改变计算机通过数据主导建筑师不断修改方案的模式，让建筑师关注目标和效果，在前期目标设定与后期方案决策中发挥作用，中期方案生成、参数设置和性能分析交由计算机完成。工具平台符合建筑师的思维、工作习惯，引入人工智能新技术应对建筑设计方法的变革，提供即时、有效、直观的客观量化数据，通过参数化模型将性能落实到设计响应,在生成方案与提升性能的同时提高建筑师工作效率,在性能约束下获取更大的设计自由度。

3)基于参数化生成设计方法,有利于在方案调整、参数设置与性能分析之间建立快速的联系和响应,提高效率,完成从规划到建筑设计多级参数的设置和分析。参数化建模将性能与建筑体形及平面、立面和剖面设计结合起来。由于住宅建筑在气候应对、居住模式、功能布局、空间组合及使用方式方面具有明确而稳定的模式,相对而言,功能组成简单,空间关系清晰,房间数量少,形状、尺寸变化幅度有限,易于进行数字化描述和参数化控制,是实施目标和效果导向的有效切入点。在目前简单技术堆砌无法取得预期效果的情况下,增量挖掘需要依靠性能导向的精细化设计与技术协同,发挥参数化设计的优势,完成体形与性能参数精确设置,通过模拟数据和实测数据的反复迭代,实现多目标、多参数影响下的技术协同,目标明确而过程开放,让设计更具灵活性。

3.2 北方住宅方案参数化生成规则构建

在常规设计过程中提到的"建模"一般是通过手动控制的方式确定建筑模型的各个细节,也称为"模拟的建模"(analogical modeling)[79]。传统建模过程通常是,由设计师根据设计需求手动输入并不断调整建筑方案各个模型参数,直接修改构成模型的点、线、面等各个几何元素。例如,如果手动修改了某一直线的位置,与之相连接的其他线、面都需要手动修改,以达到各个关联空间元素的互相匹配。这种建模方式最大的特点是:各个空间元素是独立存在的,在模型中不存在对各元素之间相互关联关系的描述;设计师对其中某个空间元素的修改无法影响到其他元素,不会触发其他对象的自动变化;由于模型本身不能自动变化,设计师的某项修改很容易造成模型空间关系出现问题,因此需要大量精力完成模型的修改完善。

参数化建模(parametric modeling)弥补了常规建模方式的不足。参数化模型由一组特定参数控制整个模型形态,模型的各个元素都与给定的各项参数之间产生关联关系,整个模型是一个整体,各个部分之间存在相互关联的逻辑关系,每个参数的变动都会影响模型的最终形态,参数值的变化会触发模型空间形态的自动变化。参数化建模的过程就是描述和建立参数与点、线、面等空间元素之间的逻辑关系,通常借助计算机完成,这个过程与常规建模方式相比更加抽象和逻辑化，类似于计算机编程的过程。参数化模型建立后，如需对模型进行修改，只需要改变设计参数，修改结果会自然呈现出来，大大节省了建模时间。参数化建模方式大幅提高了方案修改效率，也为性能导向的方案优化提供了可能。由于用户只需要改变设计参数，即可通过程序自动生成新的方案模型，参数化建模也为计算机辅助设计决策提供了有效保障。通过反复修改设计参数，可以获得满足设计条件的多种设计方案，供设计师进行方案决策。由此可见，参数化建模可以说是高效进行数字化建筑设计的基础。

参数化建模是参数化生成设计的基础。在参数化建模的开始阶段，需要首先对所生成的空间形态进行特征分析，归纳需求形式的逻辑特征，进而指导空间的形式生成。当参数化生成设计运用到住宅平面设计中时，参数化设计则需要符合城市住宅中户型、标准层的功能和空间结构关系，如户内交通流线的布置、各功能房间的朝向等。另外，因为不同房间的功能性质有所区别，多个房间功能的相互关系也存在依存和排斥之分。以一个常规城市住宅户型为例，通过对常规户型布局案例的分析，以及对居住者日常行为模式的分析，可以总结相关功能、空间规律。例如，餐厨空间通常联系非常紧密，在空间上一般属于相邻关系；公共卫生间需要和其他主要功能空间都产生较紧密的联系，因此通常安排在流线中"居中"的位置；卫生间与阳台则通常不产生直接关联。这些相互关系都属于住宅空间的逻辑特征，在住宅户型和标准层设计中不可忽视，需要在住宅参数化模型中体现出来。住宅空间逻辑特征的提取过程就是将这些功能与空间形态的复杂关系用计算机逻辑的形式提取出来，代入参数化生成设计的关联系中，以便通过参数化设计方法和计算机的辅助，更加高效地获取符合空间逻辑设计条件的大量方案，同时便于计算机快速获取不同方案的绿色性能信息，供建筑师参考比选。

因此，归纳住宅空间的特征，建立住宅空间生成逻辑，是住宅参数化设计的基础。住宅空间逻辑特征建构的过程就是对住宅各项设计特征进行提取和参数化的过程。在本书中，将住宅空间特征建构过程归纳为设计参数选取、空间逻辑特征构建、限定筛选规则构建三个部分。

3.2.1 方案生成驱动要素参数提取

常规建筑设计的过程是一个综合考虑建筑功能、空间、性能、形式、方案合理性等大量设计要素的过程，是技术与艺术互相交织与博弈的复杂问题。因此，在参数化生成设计中，计算机同样需要基于大量设计要素进行综合决策。常规设计是由建筑师进行决策，这种决策方式属于理性与感性交织的多元思维方式，是一个混沌的复杂系统；计算机辅助参数化生成设计则是一个完全理性的、更加强调逻辑的有序过程，在计算机生成设计中不存在模糊边界，一切设计条件和要素都以非此即彼、非黑即白的方式呈现。因此，在参数化设计的逻辑构建阶段，明确各项对设计产生重要影响的设计要素，以及各项要素的重要程度，是整个参数化生成设计流程的重中之重。

住宅设计通常与公共建筑设计存在较大区别。与公共建筑相比，住宅设计通常有较多功能限定条件，在形式、外观等艺术层面往往有更多限制，其形式灵活性与公共建筑相比受到较大限制，功能、使用需求等技术要素往往占据主导地位。但是从参数化生成设计的角度来说，由于艺术与美学要素通常较难使用理性的逻辑数据进行评判，功能要素、使用需求及绿色性能要素等则更适合进行参数化设计与评价，所以对绿色住宅进行参数化生成设计，更能体现计算机数字设计的优势，利用计算机能够更精确地进行功能合理性评价、性能模拟等，能够辅助建筑师完成更科学的、基于数据的设计决策。本书将住宅生成设计过程简化为标准层平面的生成设计，则进一步强化了功能、居住者使用需求、空间性能等现实要素，弱化了艺术与美学方面的要素。

北方住宅方案生成的驱动要素参数选取，即方案重要特征元素确立，包括对常规设计过程进行分析，提取出决定设计方案的重要元素，如户内交通空间、房间功能、朝向、房间尺寸、功能关系、围护结构、核心筒布局等，都是在常规城市住宅设计中需要重点考虑的方面。不难发现，这些重要元素包含两种情况：其一是涉及尺寸、面积、系数等可以用数值描述的元素，如层高、层数、房间尺寸、门窗尺寸、户内面积等与设计相关的元素；其二是不能用数值描述的元素，如房间朝向、布局、交通空间形状、房间相互关系等，这一类元素需要进行参数化，转化为计算机可以识别的参数。因此，在本书住宅空间逻辑构建的过程中，将设计元素分为两种类型，可以用数值描述的元素称为定量元素，不能用数值描述的元素则称为定性元素。图3.7中为本书中总结的住宅标准层空间架构相关设计参数。其中，定性元素包括户型布局、朝向、交通空间形状等特征元素，在本书中将这一类元素分为户型空间元素、标准层空间元素两个部分，其中标准层空间元素指描述多个户型之间的拼接关系的元素，如户型组合形式（一梯两户、一梯三户、一梯多户、走廊式等）、公共交通空间布局及尺寸等。定量元素在本书中主要选取了户内面积、房间尺寸、门窗尺寸、房间面宽进深比等与设计相关的重要参数。

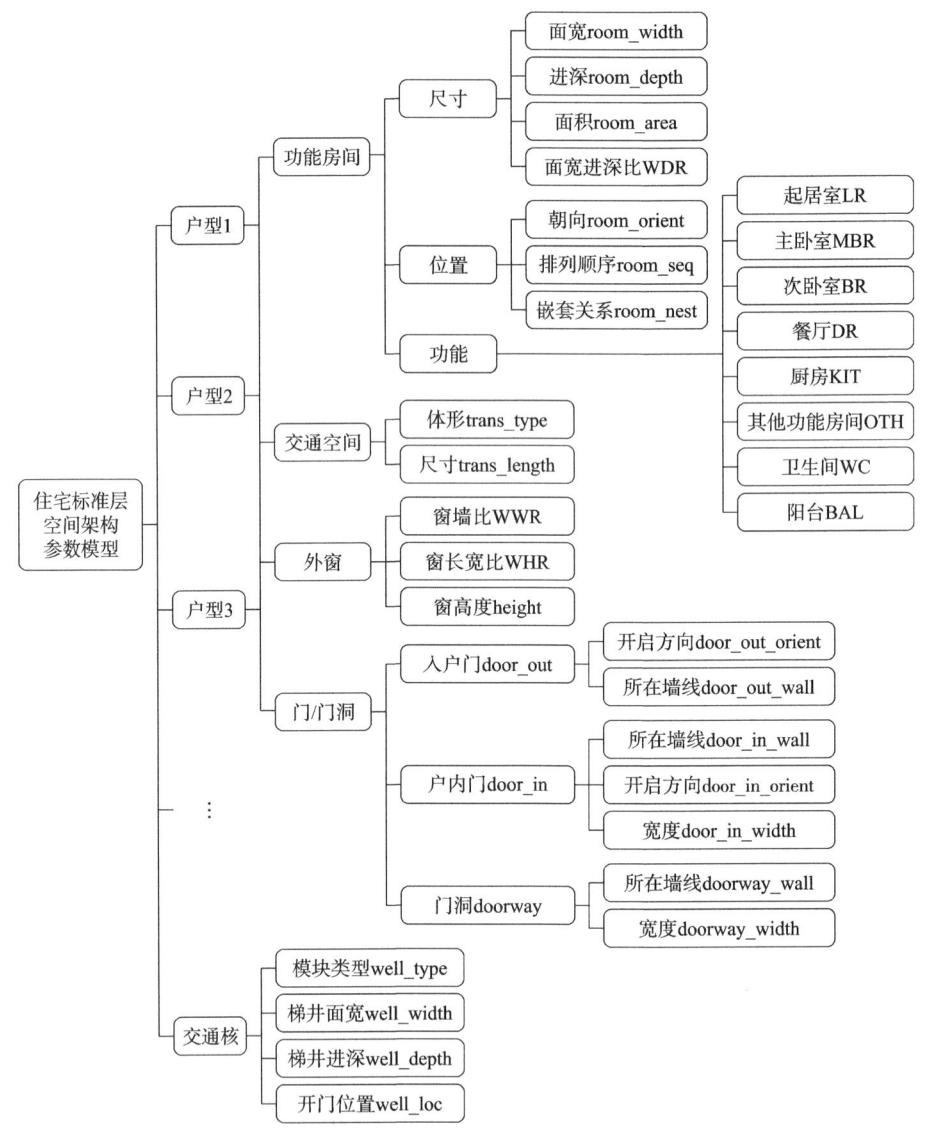

图 3.7 住宅标准层空间要素主要参数

3.2.2 标准层空间逻辑特征构建

在完成住宅方案生成要素的参数提取后,接下来对所界定的重要元素进行特征归纳:

第3章 北方住宅方案参数化自动生成设计方法与算法

1) 对于描述空间形态的定性元素,主要使用案例库特征统计的方法进行特征归纳。首先收集大量常见住宅方案的案例,形成案例数据库。由于本次方案自动生成范围主要为住宅标准层平面,所以前期搜集了共300个北方住宅优秀案例,形成"北方住宅优秀案例数据库",根据数据库进行特征归纳。

2) 对于描述空间尺寸、面积系数等定量元素的取值范围,主要通过对北方住宅相关的标准、规范、资料集等文字资料调研获取。具体的特征提取过程将在下文中详细叙述。

1. 优秀案例库获取

为了归纳北方城市住宅参数化生成逻辑,建立北方住宅标准层参数化模型,需要对大量北方住宅平面方案特征进行分析,提取经典户型与标准层设计特征。通过对常见户型方案的共性分析,获得所提取的各项设计要素的经验数据,作为住宅标准层参数化生成设计的参考。

研究中所使用的"北方住宅优秀案例数据库"来源于课题组在研课题"北方地区城镇居住建筑绿色设计新方法与技术协同优化"(2016YFC0700206),该课题隶属科技部国家重点研发计划项目"目标和效果导向的绿色建筑设计新方法及工具"(2016YFC0700200)。"北方住宅优秀案例数据库"由平面数据、三维模型数据及形式化编码数据三部分构成,其中三维模型数据包括标准层单层Sketchup模型,根据户型平面各个房间之间的位置关系对户型进行编码,储存在云端数据库中。图3.8所示是数据库基本信息,图3.9所示是数据库云端后台界面。

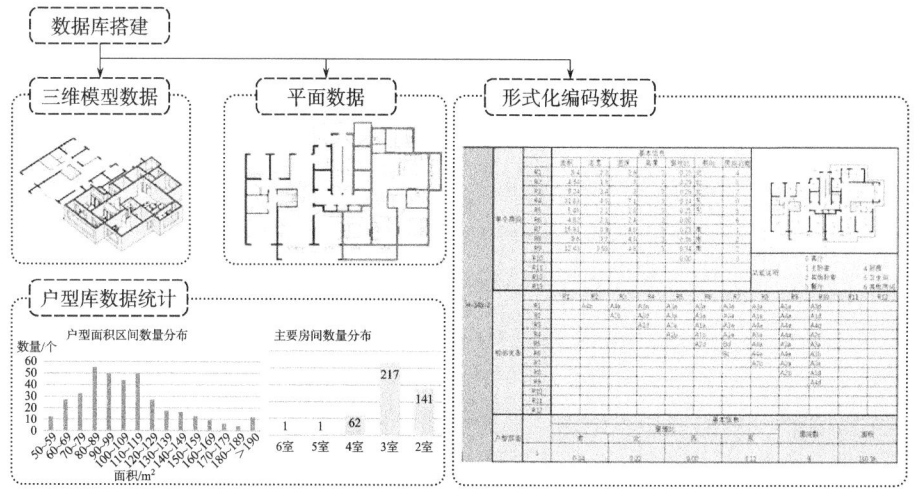

图3.8 "北方住宅优秀案例数据库"基本信息

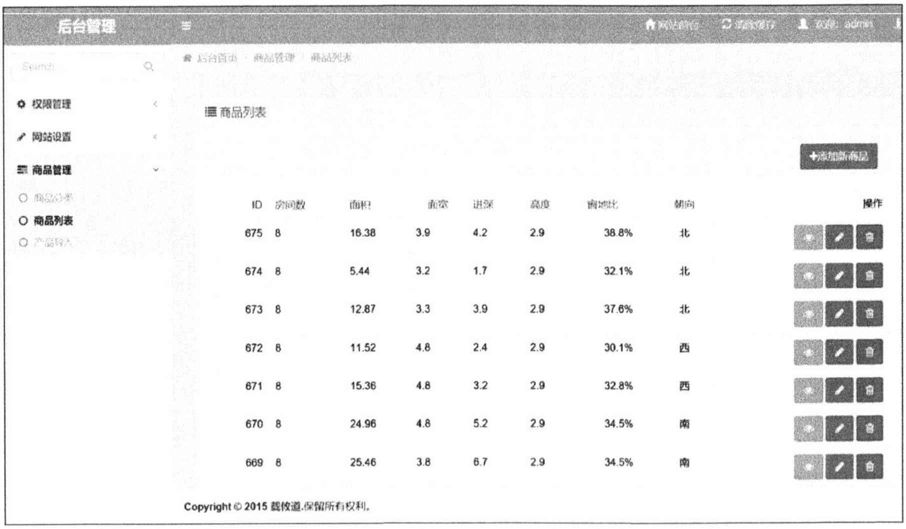

ID	房间数	面积	面宽	进深	高度	窗地比	朝向	操作
675	8	16.38	3.9	4.2	2.9	38.8%	北	
674	8	5.44	3.2	1.7	2.9	32.1%	北	
673	8	12.87	3.3	3.9	2.9	37.6%	北	
672	8	11.52	4.8	2.4	2.9	30.1%	西	
671	8	15.36	4.8	3.2	2.9	32.8%	西	
670	8	24.96	4.8	5.2	2.9	34.5%	南	
669	8	25.46	3.8	6.7	2.9	34.5%	南	

图 3.9 “北方住宅优秀案例数据库”后台界面

“北方住宅优秀案例数据库”根据户内面积、房间数量差异化原则选取方案。户内面积选取范围为 50～220m^2，其中 80～99m^2 户型所占比例最大，收录的各个面积区间方案数量基本符合正态分布规律。按户内房间数量，户型主要以 2～4 室户型为主，其中 3 室户型方案数量最多，为 217 个，2 室户型方案 141 个，4 室户型方案 62 个。案例库方案主要来源于设计图集、资料集及各大地产集团优秀实施案例。

2. 定性元素特征归纳

(1) 户型空间逻辑特征模型构建

在户内空间的布局中，交通动线是组织整个户型最重要的元素。户内交通空间的形式决定了整个户型的整体形态，决定了户型整体轮廓是水平伸展还是纵向延长。并且，由于一套住宅中所有功能房间都需要由交通空间连通，所以各个房间的位置分布也需要由户内交通空间的形式决定。要确定各个功能房间的空间位置，首先需要确定户内交通空间的形态。根据对北方住宅户型平面案例库的调研归纳可发现，城镇集合式住宅由于户内空间紧凑，为提高户内空间利用率，降低交通空间所占比例，户内交通空间通常呈非常规整的形态。

如图 3.10 所示，对常见北方住宅户型交通空间进行形态提取与总结，发现户内交通空间通常具有明显的形态特征，可将户型交通空间归纳为几种明显的类型,包括 I 形、L 形、T 形、凹形等。进一步分析可知,凹形的形成通常由于入户门厅区域的局部空间变形导致,因此将凹形归类为 L 形的变体。另外,T 形交通空间由于应用的户型案例数量较少,且南向 L 形部分一般不是必须设置的,所以在后续的住宅生成中分别将 T 形、南向 L 形户型作为北向 L 形、I 形的变体,如图 3.11 所示。

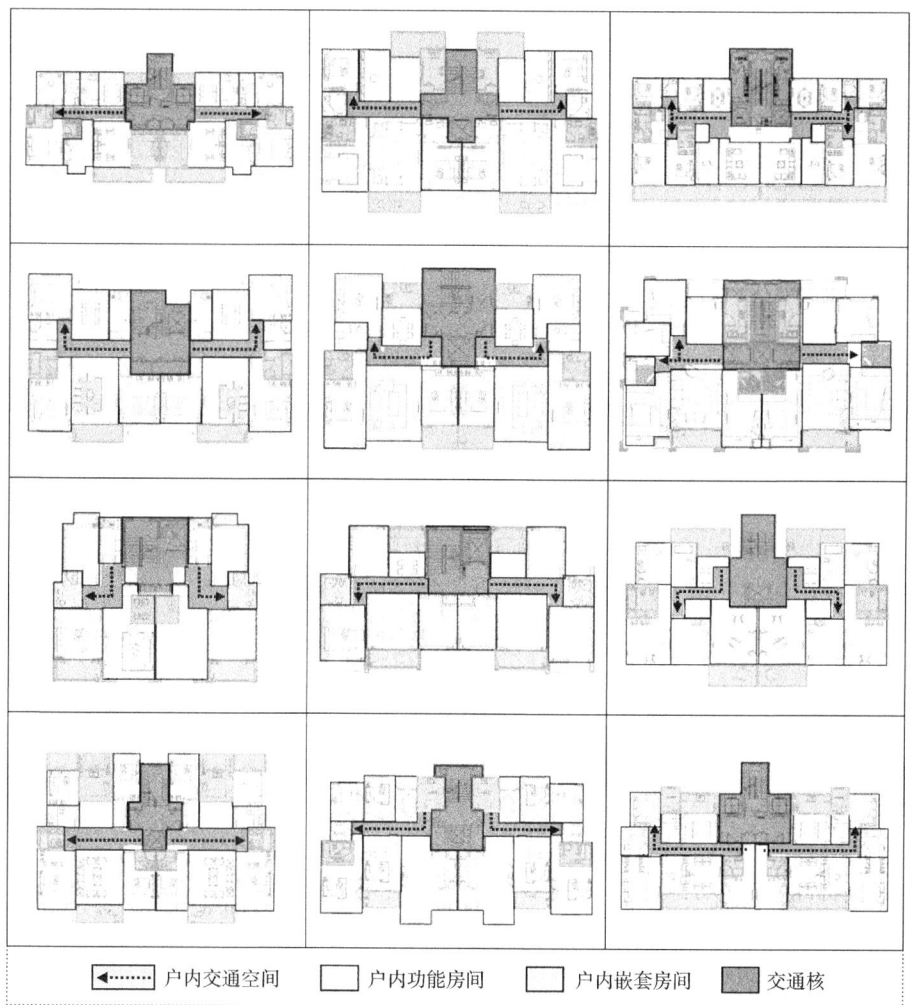

图 3.10 "北方住宅优秀案例数据库"交通空间与功能房间形态特征提取

确定了户内交通空间形态后,需要考虑各功能房间的空间分布。由于各功能空间由户内交通空间连通,以保证户内功能的正常运转,所以各功能空间是围绕交通空间进行布局的。各功能房间的空间分布涉及朝向、使用需求、各功能

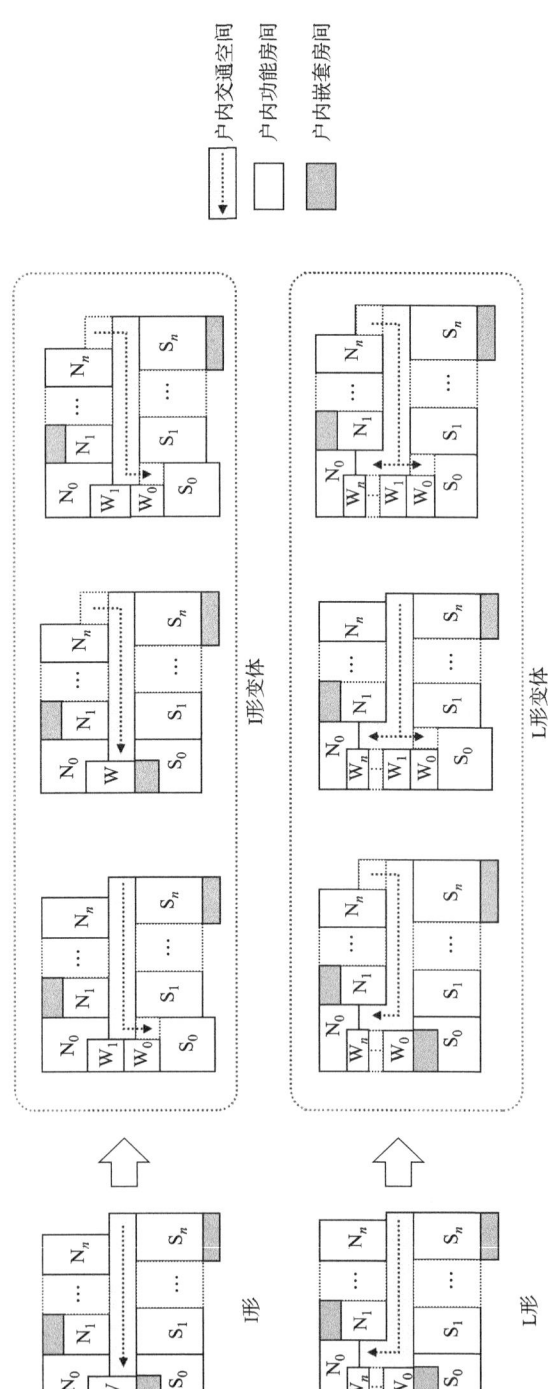

图 3.11 户型交通空间与功能房间形态特征归纳

第3章 北方住宅方案参数化自动生成设计方法与算法

之间的相互关系等。另外,部分功能空间呈相互嵌套的空间布局形式,如卧室与卫生间、厨房与餐厅、起居室与餐厅、起居室与阳台、卧室与阳台、厨房与阳台等都可呈现嵌套布局特征。根据对300个案例户型的原型提取,可将户内功能空间的布局原则归纳为如图3.12、图3.13所示的基本逻辑特征。根据以上对户内交通空间及各功能空间构成逻辑原型的提取,可得到几种北方住宅基本空间构成特征原型。

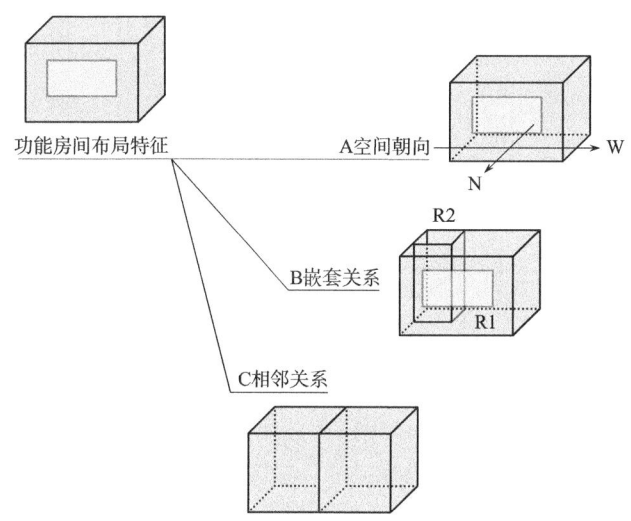

图3.12 功能房间布局特征归纳

为了统计以上空间原型对户型方案的描述能力,对案例数据库中345个户型进行了统计分析,详见表3.1。其中,一梯两户户型总共128个,占案例库中总户型数量的37.1%。一梯两户户型中,能够用以上空间特征原型描述的户型平面为89个,占比为69.5%,其中I形平面65个,L形平面24个,分别占73%、27%。在以上空间特征原型不能描述的39个户型中,不能描述的主要原因包括流线交叉、南北向房间嵌套、北侧入户、客厅朝向非南向、东西外墙凹凸、复式户型等。不能描述的户型平面详见表3.2。对以上户型进行分析可知,不能描述的主要原因通常是案例户型本身存在不合理性,如不同功能房间存在不合理嵌套,造成流线交叉、起居室朝向不利等;另一部分原因为户型空间结构较特殊、不常用,如一梯两户中入户门在北侧(由于交通核独立布置在北侧)、复式户型、南北向两个相邻房间相互嵌套(一般存在于进深较小户型平面中)等。

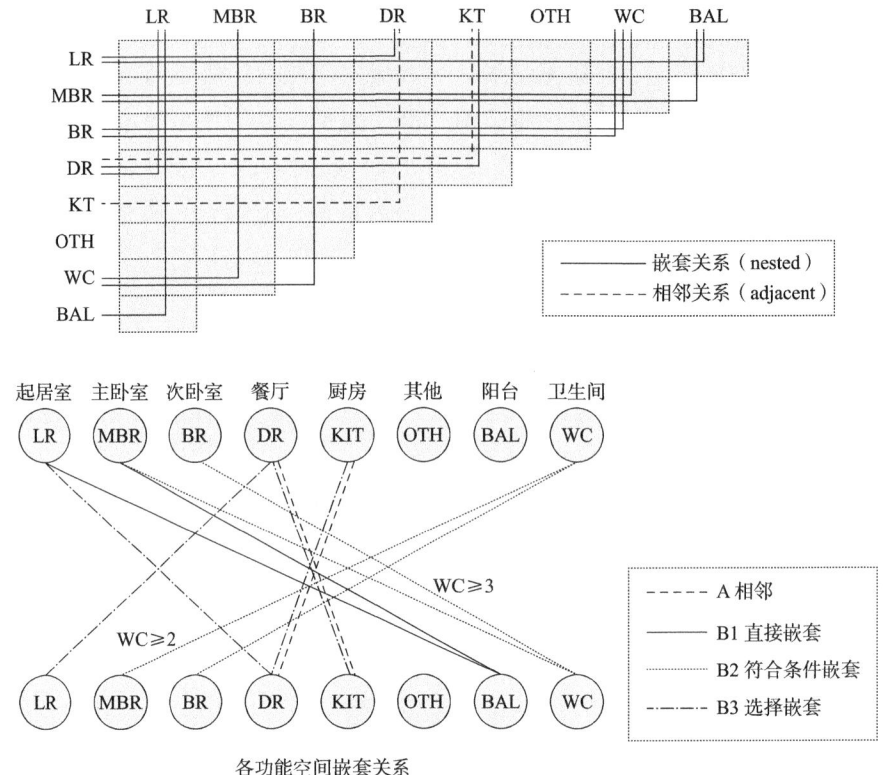

图3.13 各功能空间相邻、嵌套关系归纳

表3.1 户型特征原型对案例库方案的描述能力

	组合类型	户型数量/个	占比/%
案例库住宅平面组合类型	一梯两户	128	37.1
	一梯三户	33	9.6
	一梯四户	69	20.0
	一梯五户	10	2.9
	一梯六户	3	0.9
	一梯八户	4	1.2
	单独户型	98	28.4
	总计	345	—
	能否描述（一梯两户）	户型数量/个	占比/%
能否描述	否	39	30.5
	能	89	69.5

第3章 北方住宅方案参数化自动生成设计方法与算法

续表

	户型类型	户型数量/个	占比/%
可描述户型类型	I形	65	73
	L形	24	27
	不能描述原因	户型数量/个	占比/%
	流线交叉（从客厅进入卧室）	10	25.6
	流线交叉（从餐厅进入书房）	3	7.7
	流线交叉（从餐厅进入卧室）	3	7.7
	流线交叉（从餐厅进入卫生间）	1	2.6
不能描述原因	流线交叉（从餐厅进入阳台）	1	2.6
	南北向房间嵌套	6	15.4
	北侧入户	5	12.8
	客厅朝向非南向	4	10.3
	东西外墙凹凸	3	7.7
	复式户型	2	5.1
	明卫生间在南侧	1	2.6
	总计	39	—

表3.2 户型特征原型不能描述的户型案例

不能描述原因	户型数量/个	案例户型
流线交叉（从客厅进入卧室）	10	
流线交叉（从餐厅进入书房）	3	

续表

不能描述原因	户型数量/个	案例户型
流线交叉 （从餐厅进入卧室）	3	
流线交叉 （从餐厅进入卫生间）	1	
流线交叉 （从餐厅进入阳台）	1	
南北向房间嵌套	6	
东西外墙凹凸	3	

第3章 北方住宅方案参数化自动生成设计方法与算法

续表

不能描述原因	户型数量/个	案例户型
复式户型	2	
明卫生间在南侧	1	

需要说明的是,由于住宅参数化方案生成后续流程的需要,使用的空间逻辑越简单,越能够高效地完成方案的逻辑生成。因此,在空间特征构建过程中也尽可能对空间特征进行了简化描述。这一措施的缺点是,在住宅特征提取简化的过程中可能会丢失某些次要特征,需要在后续研究中进一步完善和补充。

(2) 标准层空间逻辑特征模型构建

在已有多个户型平面的前提下,如何将户型相互拼接组合获得标准层平面,是住宅标准层空间特征构建需解决的主要问题。研究中首先对常见标准层方案案例进行分类调研,总结标准层的常见空间组合关系,提取常见的几类空间组合原型,如一梯两户、一梯三户、一梯四户等。另外,在户型拼接组合过程中,不同户型类型也对户型间的拼合关系产生影响。入户门位置通常影响户型之间拼合面的位置,户型形状、尺寸、长宽比等决定了两个户型在拼接过程中能否相互匹配,外窗开启朝向也会影响多个户型单元之间相互拼合的可能性。

为解决户型拼合问题,研究中首先基于"北方住宅优秀案例数据库"中的

300个住宅方案,针对单个户型形状、入户门位置、外窗位置进行原型提取。根据户型原型提取结果,可将整个户型的轮廓形状简化归类为以下四种类型:A为进深长矩形,B为北侧窄L形,C为南侧窄L形,D为面宽长矩形。根据入户门所在方位,将以上四种类型细化为北侧入户、东西侧入户两种类型,用A1、A2、B1、B2、…编码。根据整个户型中外窗开启的相对朝向,进一步细化各个户型,并用A1-1、A1-2、A2-1等编码。详细的户型类型划分及编码见图3.14。

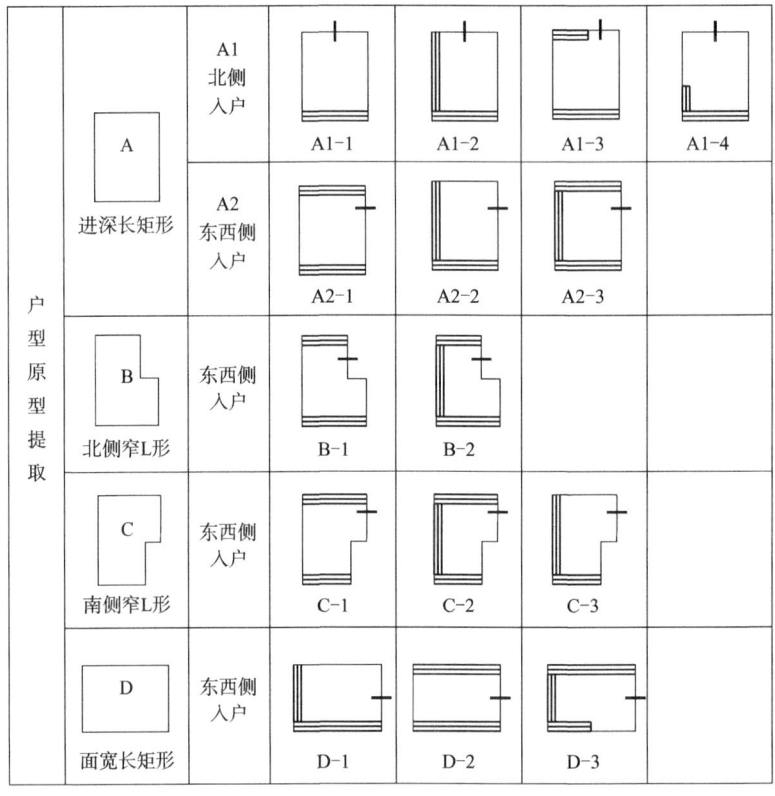

图3.14 户型类型划分及编码

在户型原型的基础上,进一步提取多个户型之间的组合规则。对常见案例平面进行归纳总结,可根据标准层单元数量将住宅分为板式、塔式等类型,也可根据每单元户型数量将标准层细分为一梯两户、一梯三户、一梯四户、一梯多户、走廊式等户型组合类型。由于一梯多户住宅(如一梯六户、一梯八户)在"北方住宅优秀案例数据库"中的样本量相对较小,且与一梯两户至一梯四户平面相比,一梯多户住宅标准层平面组合方式差别较大,较难通过一种普适的平面原型进行归纳,所以本次只针对一梯两户至一梯四户的常见标准层平面进行特征归纳。如图 3.15 所示,一梯两户住宅通常由 B-1 类户型拼合而成;一梯三户住宅可由 C-1、A1-1 或 A1-1、A2-1 类户型组合获得;一梯四户住宅可由 C-1、A1-1 或 A2-1、A1-1 户型拼接获得;走廊式住宅中,除尽端户型为 A2-1、C-1 两种类型外,中间户通常属于 A1-1 类型。

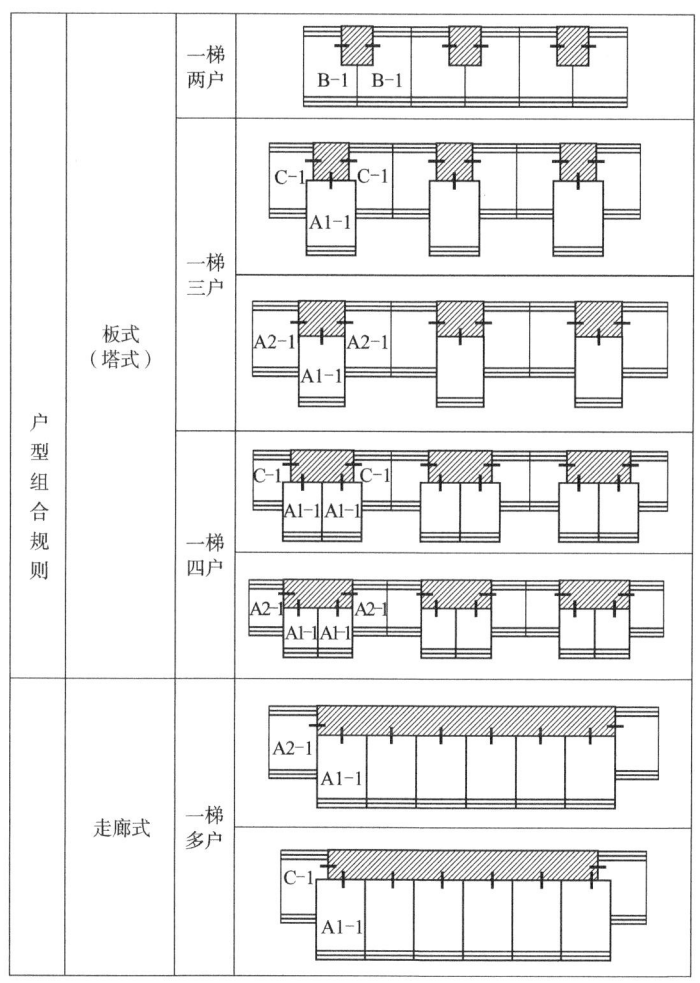

图 3.15 户型组合规则特征归纳

在住宅标准层平面方案中,核心筒起到连接各户型和竖向交通组织的功能,核心筒的形状直接影响标准层的户型拼接。在常规住宅设计中,由于空间集约和功能需要,核心筒通常具有相似的布局形式和功能组织方式,因此核心筒的原型及轮廓尺寸可归纳为几种常见类型,在一定的住宅类型中常具有通用性,可总结为几类固定的模块，在设计生成中以功能模块的形式插入标准层平面方案。

清华大学姜琳的硕士论文《北方地区高层住宅核心筒设计研究》[83]通过对核心筒形式的影响因素分析总结了不同住宅类型中核心筒的常见布局特征。本书的研究中使用的核心筒模块尺寸来自姜琳在论文中总结的几种常见核心筒形式，如图3.16、图3.17所示，并在住宅标准层的参数化生成中以功能模块的形式插入标准层平面。

编号	01	02	03
平面	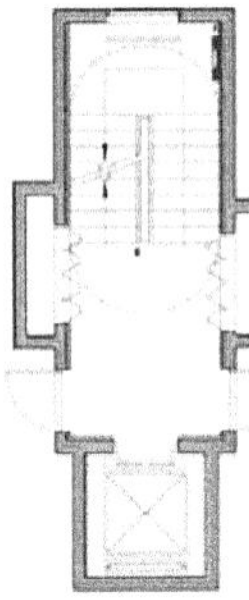	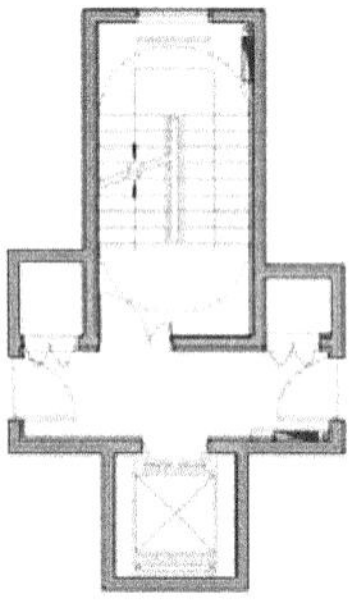	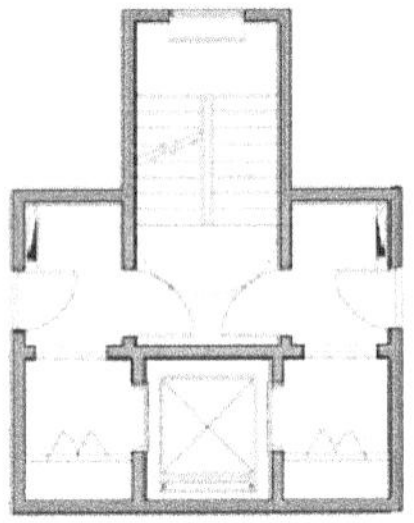
类型	类型Ⅰ-1	类型Ⅰ-1	类型Ⅰ-2
面积	27.67m²	31.96m²	39.25m²
适用范围	刚需型住宅	刚需型、改善型住宅	高端型住宅

图3.16 用于11层及以下一梯两户住宅核心筒常见类型[83]

编号	04	14	05	06
平面	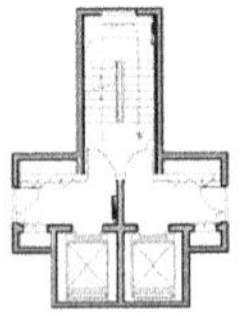	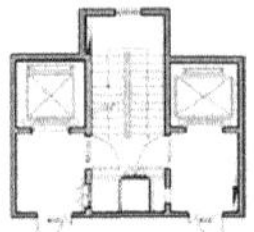	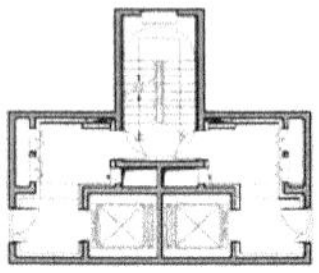	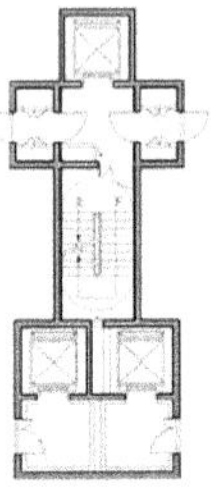
类型	类型Ⅰ-3	类型Ⅲ-3	类型Ⅰ-2	类型Ⅰ-2
面积	43.98m²	44.25m²	57.60m²	62.65m²
适用范围	改善型、高端型住宅	改善型、高端型住宅	高端型住宅	高端型住宅

图3.17 用于12层及以上一梯两户住宅核心筒常见类型[83]

3. 定量元素特征归纳

定量元素是指能够用数值描述的住宅空间元素。根据上文分析结果，选取的定量元素包括户内面积、房间尺寸、房间进深/面宽比、房间面积、层高、门窗尺寸、窗墙比、窗宽高比、外墙厚度、外窗 K 值、外墙 K 值、内墙 K 值、梯井尺寸等。

为了明确以上变量在参数化方案生成中的取值范围，对北方住宅设计进行了文献调研，调研范围包括相关标准、规范、资料集等。对于以上资料中未注明的个别缺失数据，则根据功能需求及典型实施案例进行经验估算获取。调研结果详见表3.3。

表3.3 功能房间定量元素取值范围归纳

房间类型	数据类型	套内面积不分级	套内面积分级							套内面积比例
			分级段数	面积临界值/m²	第1段	第2段	第3段	第4段	第5段	
起居室（独立）	1	—	4	40-90-150	12-16	16-24	20-35	30-40	—	—
	2	—	4	40-110-150	3.6	3.6-4.2	3.9-4.5	4.5-6.5	—	—
	3	3.5~6.2	—	—	—	—	—	—	—	—
	4	1.25~1.50	—	—	—	—	—	—	—	—
起居室（嵌套餐厅）	1	—	—	—	—	—	—	—	—	0.25~0.30
	2	—	4	40-110-150	3.0-3.6	3.6-4.2	3.9-4.5	4.5-6.5	—	—
	3	—	—	—	—	—	—	—	—	—
	4	1.5~2.0	—	—	—	—	—	—	—	—
主卧室	1	—	5	40-90-120-150	11-13	12-16	15-20	19-25	20-25	—
	2	3.3~4.5	—	—	—	—	—	—	—	—
	3	3.8~5.2	—	—	—	—	—	—	—	—
	4	0.67~1.50	—	—	—	—	—	—	—	—
次卧室	1	—	4	40-90-150	10-12.5	11-15	12-16	13-18	—	—
	2	2.8~3.6	—	—	—	—	—	—	—	—
	3	3.4~5.0	—	—	—	—	—	—	—	—
	4	0.67~1.50	—	—	—	—	—	—	—	—

续表

房间类型	数据类型	套内面积不分级	套内面积分级							套内面积比例
			分级段数	面积临界值/m²	第1段	第2段	第3段	第4段	第5段	
餐厅	1	—	4	40-90-150	4-6	6-9	9-15	12-18	—	—
	2	—	3	60-110	2.0-2.7	2.7-4.5	3-5	—	—	—
厨房	1	—	4	40-90-150	4-5	4.5-8.0	6-9	8-12	—	—
	2	—	3	60-160	1.5-2.2	1.6-2.2	1.8-2.6	—	—	—
主卫生间	1	—	5	40-90-120-150	2.5-3.5	3.5-5.5	5-7	6.5-8.0	7-9	—
	2	1.8~2.4	—							
卫生间	1	—	4	40-90-150	2.0-2.5	2-4	4-7	5-8	—	—
	2	1.8~2.4	—							
其他功能房间	1	—	4	40-90-150	7-9	8.5-11	10-13	11-14	—	—
	2	2.8~3.6	—							
	4	0.67~1.50	—							
门厅	1	—	2	90	0-2	2-4	—	—	—	—
	2	1.2~2.4	—							
走道	1	—	—							0~0.1

注：表中参数依据《建筑设计资料集》[84] 和《住宅设计规范》（GB 50096—2011）及经验数据制定，并提供用户设置接口。

其中，与功能房间相关的元素包括房间面积、面宽、进深、进深面宽比，这四个变量又与套内面积存在关联关系。例如，根据《住宅设计规范》（GB 50096—2011）和《建筑设计资料集》[84]的经验数据，套内面积在 $40\sim90m^2$ 的户型中，起居室面积宜为 $16\sim24m^2$；套内面积在 $90\sim150m^2$ 的户型中，起居室面积则需要相对偏大，宜控制在 $20\sim35m^2$。另外，变量元素与套内面积还可能存在比例约束关系，如嵌套餐厅的起居室面积通常宜为套内总面积的 25%～30%。因此，各房间变量元素与套内面积之间存在无关联、按套内面积分级关联、套内面积比例关联三种关系类型，各项参数的具体临界范围详见表3.3。套内面积分级按户内总面积，最多可分为5段。为了方便计算机读取非量化元素数据，将房间变量类型、分级类型等进行数字编号定义，其中数据类型中1表示房间面积（m^2），2表示面宽（m），3表示进深（m），4表示进深面宽比，分级类型以"最小值-最大值"的格式输入，套内面积临界值以"-"隔开。

3.2.3 方案评价及限定筛选规则构建

对于计算机生成设计来说，建筑设计是一项对各个方面的设计要素进行综合分析的复杂过程，所生成的方案是否符合设计需要，能否满足建筑师的设计意图，是检验参数化生成过程是否成功的关键。在参数化生成流程中加入限定条件筛选模块，设定筛选规则，对所生成的方案进行检验，能够提高所生成方案的合理性。住宅标准层方案功能评价及筛选规则主要由以下三部分构成。

（1）依存参数数值合理性检验

在参数化生成设计中，设计参数可分为条件参数、可变参数和依存参数。条件参数是指设计任务书中的边界条件参数，包括气象数据、用户功能需求及设计规范等；可变参数是指由设计师主观决定的、能够在一定范围内变动的参数，是主要的优化目标；依存参数是指与条件参数和可变参数相互关联的参数，由条件参数与可变参数的数值决定。

在参数化生成过程中，依存参数通常由可变参数数值决定，无法主动调整，所以依存参数的取值可能有不合理的情况出现，所生成的设计方案也相应存在不合理的可能性。例如，在住宅户型参数化设计中，通常将主要功能房间的面宽、进深等尺寸作为可变参数，由于相邻房间存在共用外墙或共用隔墙的情况，所以与主要功能房间相邻的次要房间可能出现房间尺寸联动的情况，次要房间尺寸可能作为依存参数出现，其数值无法主动调整。这就存在联动房间尺寸不合理的可能性，需要在设计生成流程完成后进行数值合理性检验。

（2）多元设计要素合理性检验

由于建筑设计是将多种设计要素进行综合处理的复杂过程，其中多个元素不仅是独立的线性关系，各个可变要素之间也存在相互关联或相互矛盾的复杂情况。由于参数化生成设计中生成逻辑的独一性，通常无法全部体现这种复杂的相互关系，所以需要设置多个检验步骤，确保各个设计要素同时满足设计需求，如不满足则需舍弃当前设计方案，继续搜索生成新的设计方案，直至满足所有设计条件。例如，在某房间的外窗生成中，已知房间尺寸的情况下，外窗宽度、高度、宽高比和窗墙比都应属于可变参数，但在实际生成过程中却不能全部界定这四项参数。由于窗墙比、窗宽高比等与外窗尺寸存在关联关系，只能通过界定其中部分参数生成外窗方案，再通过合理性检验流程检验其他设计要素是否全部符合设计要求。

（3）基于建筑师主观评价的合理性检验

不同于常规建筑设计决策主要由建筑师完成，参数化生成设计的决策由计算机完成。区别于人脑思维特征的模糊性与混沌性，计算机主导的设计决策通常严格按照生成逻辑进行，是"非此即彼""非黑即白"的，存在设计过程过于机械、缺乏变通性等问题。因此，生成方案是否合理是生成设计中的重要问题。为了保证生成方案质量，在住宅标准层方案的参数化生成设计过程中构建了建筑师主导的主观评价流程。主观评价规则是一个开放的模块，建筑师在参数化生成设计过程中能够根据主观需求自主添加对住宅方案的评价规则，这一流程的加入能够加强参数化生成设计过程中的人机交互功能，提升建筑师在计算机辅助设计决策中的主导作用。建筑师主观评价规则可包含基于住宅外观和空间形态等艺术美学要素的设计评价规则、对各项参数的个性化取值、视野开阔度及采光充分度、住宅精细化设计相关的设计规则等任何方面的主观需求，如图3.18所示。建筑师建立主观评价规则后，计算机在合理性检验流程中逐一对生成的住宅平面方案进行检验，如符合建筑师设定的主观要求则保留该方案，如不满足则舍弃该方案，继续进行下一次方案生成。

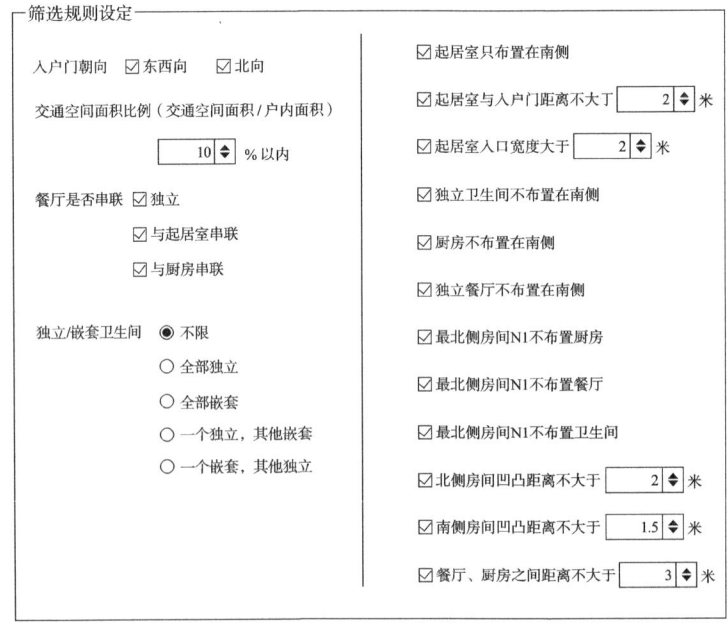

图3.18 算法内置的方案筛选规则设置

3.3 住宅平面方案自动生成算法开发

本书中的住宅平面方案自动生成算法模仿建筑师住宅设计思路，利用户型原型提取＋限定条件筛选的基本思路，通过计算机算法实现住宅标准层方案的智能生成。用户输入方案基本信息，如户型面积、房间数量、标准层类型、朝向等，计算机自动生成大量符合要求的户型方案，并通过能耗模拟寻优过程获取最有利的住宅方案，自动生成方案平面及模型。算法基于 Grasshopper 平台及 Python 语言编写，图 3.19 所示为算法的逻辑构架图。该算法主要包括以下四个功能模块。

1）方案生成模块。通过用户输入的设计条件及上文的北方住宅方案参数化生成规则，进行定性元素（包括交通空间类型、功能房间分布、房间嵌套关系、标准层类型、户型组合关系、门窗位置及开启方向等）、定量元素（包括功能空间尺寸、交通核尺寸、层高、门窗尺寸、交通空间尺寸等）的随机参数取值，获取初步方案。

2）限定筛选模块。建立限定条件库及判定筛选流程，将初步方案与限定条件库进行参数比对，判断生成的一组数值是否满足设计条件参数要求，如满足则保留这组有效数值，不满足则继续随机生成下一组数值。

3）能耗模拟模块。建立能耗模拟的参数化模型，通过 Honeybee 调用 EnergyPlus 获取满足设计条件的设计方案的性能数值。

4）方案可视化模块。构建可视化参数模型，计算并导出方案信息及模拟数据，生成分析图表、报告等。

如图 3.20 所示为住宅方案自动生成过程的 Grasshopper 算法实现过程。

3.3.1 户型方案自动生成模块

户型生成的主要依据是户型布局原型，户型中房间的空间连接关系已经在布局原型中描述，在生成过程中需要确定户型原型中的各项可变参数［包括各朝向（南、北、东西）房间的功能、房间排列顺序、房间尺寸、嵌套房间（如卫生间与卧室、阳台、厨房与餐厅等）的连接关系］、门窗洞口位置等，即可生成一个完整的户型。参数的生成规则在各项限定条件的范围内随机生成获得（在生成过程中，部分参数可以根据已有数值和限定条件直接确定，不需要随机

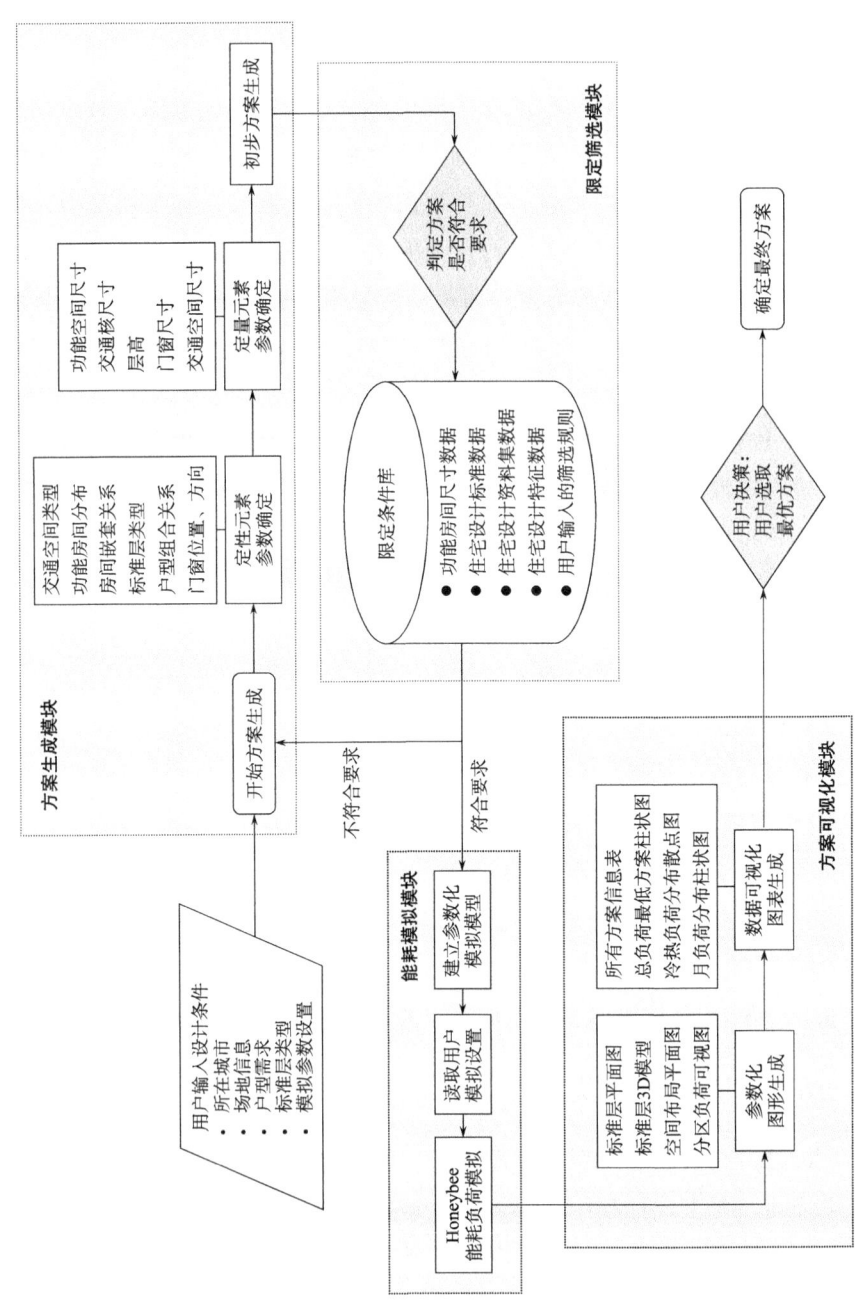

图 3.19 住宅平面方案自动生成算法逻辑构架

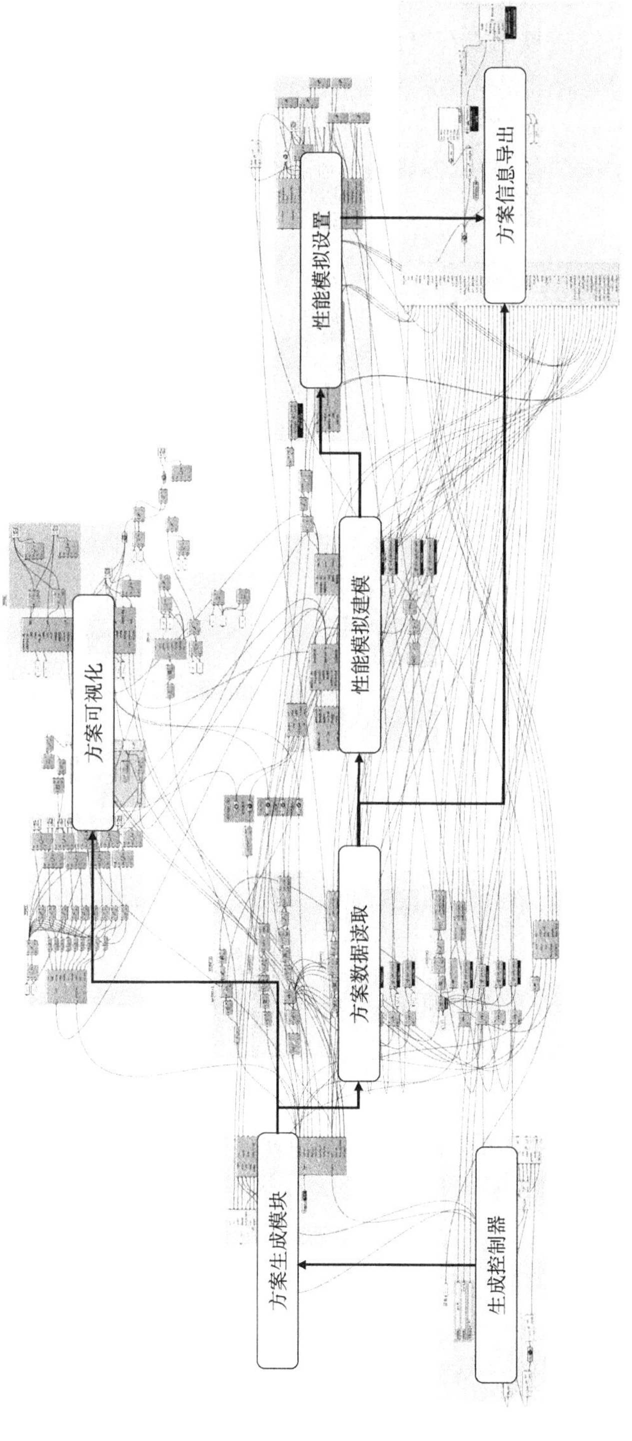

第 3 章 北方住宅方案参数化自动生成设计方法与算法

图 3.20 住宅方案自动生成过程的 Grasshopper 算法实现

生成)。在参数生成的过程中,每随机生成一部分参数,就将生成的参数与限定条件比对(虽然参数的随机生成在限定条件范围内,但是在有多重限定条件的情况下,还需要进行各种判定,确定随机生成的数值是否符合所有要求),如果不满足限定条件则舍弃这些参数取值,重新生成。户型生成的主要算法逻辑见图3.21。

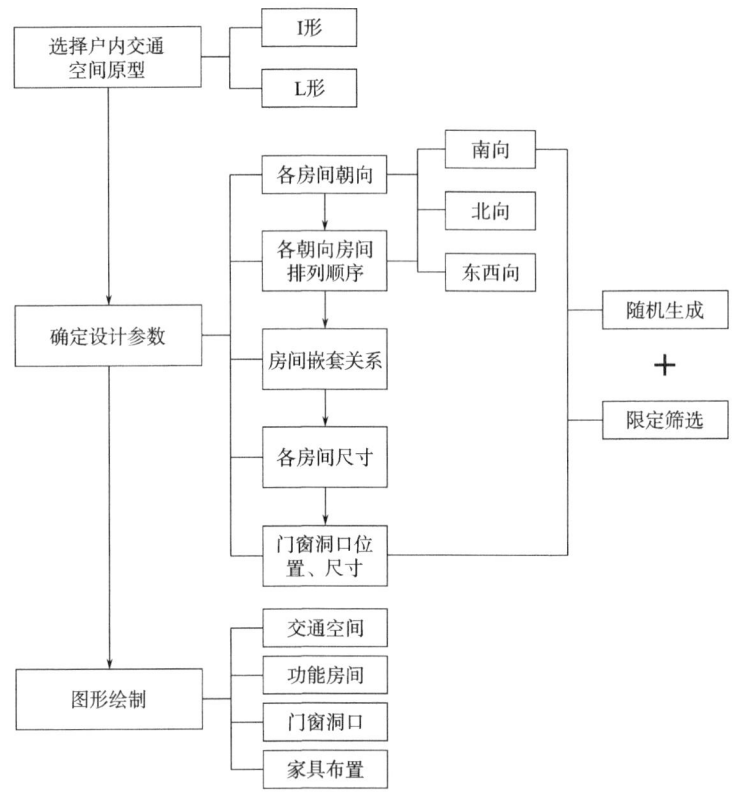

图3.21 户型自动生成的算法逻辑

在生成过程中,程序每生成一组符合所有限定条件的方案,一般需要进行几万次尝试(判断参数是否满足限定筛选条件,不满足则舍去本次生成参数,重新开始生成,算作一次尝试),一组方案生成时间一般在0.5~3min。程序计算次数和用户输入的设计条件有关,条件越苛刻,计算次数越多。程序设定了最大计算次数的限制,当超出最大计算次数还没有找到符合要求的方案时,程序给出报错信息,表示用户输入的设计条件或用户设置的筛选条件可能存在问题。

户型方案自动生成算法编写的主要流程如下。

第3章 北方住宅方案参数化自动生成设计方法与算法

(1) 随机选择户内交通空间原型

根据上文中简化的北方住宅户型空间特征原型确定交通空间形状,包括 I 形、L 形两种类型。

(2) 建立功能房间空间分布关系

根据上文中提取的简化的户内功能空间布局逻辑特征,在一定规则下随机确定房间分布顺序。基于用户输入的户型需求信息,将户型内各房间按照朝向分类,用 Python 列表表示,以各功能房间在列表内排列的顺序代表房间的空间顺序。同时,确定各功能房间之间的嵌套关系,如卧室与卫生间、厨房与餐厅、起居室与餐厅等。

例如:

```
S = ["bed","main_bed_wc","living"]
N = ["bed","kitchen","dining"]
W = ["wc"]
```

以上列表 S、N、W 分别代表朝向为南向、北向、西向的房间,其中朝向为南向的房间从西到东依次为次卧室、主卧嵌套卫生间、起居室;朝向为北向的房间从西到东依次为次卧室、厨房、餐厅;朝向为西向的房间为卫生间。

(3) 功能房间尺寸生成

1) 按照起居室＞主卧室＞次卧室＞其他功能房间＞餐厅＞厨房＞卫生间界定各功能房间优先顺序。

2) 在上文中介绍的房间尺寸调研限定数值的基础上,根据优先级从高到低的顺序,依次在数值合理的范围内随机生成房间尺寸值,用 Python 字典的形式表示如下。

例如:

```
S_num = {"0":[3.5, 5.3],"1":[4.2, 5.3, 3.1, 2.0],"2":[3.9, 6.7]}
N_num = {"0":[3.4, 4.2],"1":[3.7, 1.9],"2":[3.0, 4.0]}
W_num = {"0":[2.4, 2.1]}
```

其中,S_num、N_num、W_num 分别代表南向、北向、西向房间的尺寸数值,字典名 "0" "1" "2" 代表各房间的空间排布顺序,字典值列表中第 0 个数值代表房间面宽,第 1 个数值代表房间进深。如遇房间嵌套情况,则将所嵌套房间的面宽、进深记录为字典数值列表的第 2、第 3 个数值。

(4) 交通空间图形生成

根据各房间尺寸、位置和交通空间类型确定交通空间的具体尺寸,绘制交通空间轮廓图形。

(5) 功能房间图形绘制

在交通空间图形的基础上绘制各房间轮廓图形,得到户型平面的初步轮廓。

(6) 外窗尺寸生成

根据默认的窗墙比和窗宽高比生成外窗尺寸,其中南向窗墙比默认为0.5,其他朝向窗墙比默认为0.35,门窗宽高比默认为1.2,窗台高度默认为0.9m。如外墙尺寸无法满足窗宽高比的默认数值,则算法根据外墙尺寸对窗宽高比进行微调,以契合外墙尺寸,所生成的外窗尺寸保存在Python列表中。

例如:

window_width = [1.85, 1.93, 1.74, 2.72, 3.27, 3.03, 1.45, 1.74, 2.33, 3.27, 1.0, 1.65]

window_height = [1.54, 1.61, 1.45, 1.80, 1.80, 1.80, 1.20, 1.45, 1.80, 1.80, 0.92, 1.37]

其中,window_width 和 window_height 两个列表数值分别表示0~11号外窗的宽度和高度。

由于外窗大小对单户总能耗的影响机理比较清晰,窗墙比的变化能够显著影响户内总负荷模拟数值,所以,如在户型方案生成阶段将外窗尺寸作为变量完成方案生成,则所生成的方案门窗尺寸有显著差异,将会较大幅度影响所生成方案的能耗模拟结果,不利于不同户型布局之间绿色性能模拟结果的横向对比及户型布局方案的性能优选。因此,在本次算法设计中,外窗尺寸相关参数未列入方案自动生成范围,将在后续基于遗传算法的方案性能优化步骤中完成外窗窗墙比、门窗尺寸的能耗优化。

(7) 入户门、户内门位置及开启方向生成

首先判定房间与户内交通空间的相对位置关系,根据位置关系确定入户门、户内门的位置和开启方向。其中,门窗开启位置在户型平面轮廓图上以直线段的形式绘制,户内门开启方向在Python列表中用参数表示。

例如:

第3章 北方住宅方案参数化自动生成设计方法与算法

Door_in_dir = ["zs","zs","zs","yx","zx","none","none","zx",
"yx","zs","none","zx","none","ys","ys"]

其中，参数"zs""zx""ys""yx""none"分别代表户内门开启方向为左上、左下、右上、右下、无门（门洞）。

3.3.2 标准层方案生成模块

算法以将所生成户型组合、拼接的方式生成标准层平面，根据北方住宅标准层空间原型，首先通过算法对户型特征进行识别，进而根据算法规则生成标准层轮廓图形。

(1) 判断户型类型及标准层类型

根据上文中归纳的北方住宅户型类型原型，通过算法对户型特征进行识别，通过判定户型轮廓尺寸、入户门位置、外窗位置等获取户型类型，并根据户型类型确定标准层原型。

(2) 根据层数和户型数选择梯井模块

算法中的梯井布局使用已有的常见梯井模块，根据建筑层数和户型类型选择适合的梯井模块，确定梯井轮廓尺寸。

(3) 完成户型拼合，绘制标准层轮廓

根据标准层空间原型，将户型模块和梯井模块进行移动和镜像，获得标准层轮廓平面，如图3.22所示。

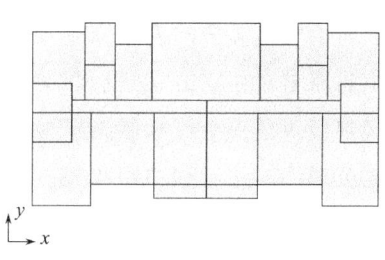

图3.22 方案生成模块绘制的标准层轮廓图形

3.3.3 限定筛选模块构建

为了减少运算次数，随机生成流程和限定筛选流程是穿插完成的，也就是在随机生成的过程中，根据流程需求和具体情况，暂停生成过程，进行方案限定筛选，如不满足条件则立即终止本次生成步骤，继续进行下一次生成，或终止本次方案生成步骤中导致无法满足限定筛选要求的某个分支流程，重新进行这个分支开始前的上一个随机生成流程。这样的算法流程能够节约运算次数，尽量避免无效运算，把总体生成时间控制在合理的范围内。例如，随机生成某房间尺寸后，暂时不进行下一步生成，先判定所生成的联动房间尺寸是否满足房间尺寸的筛选条件，如不满足则终止本次生成过程，重新开始下个户型生成步骤。

(1) 设置限定筛选计数器

设置限定筛选计数器能够控制方案筛选次数,当超出规定的次数时算法自动舍弃当前生成步骤,重新进行上一个生成步骤。由于在方案生成中限定筛选模块是多次反复进行的,所以在算法中设置了多层次的户型生成次数计数器,控制重复的生成步骤中限定筛选模块运算次数,避免程序在某一局部重复运算次数过多,导致无效的运算时间。同时,记录所有计数器计数的总和,作为本次生成方案的总尝试次数。

(2) 基于归纳元素特征的合理性检验

在参数化户型生成算法编写中,需对所生成部分中的各项依存参数的合理性进行判定。另外,在多个参数相互关联的情况下,也需要对各个参数之间的相互关联关系进行检验,避免出现矛盾的关联关系。以上合理性检验内容主要涉及房间及门窗的尺寸、比例等定量数据,检验依据根据相关标准、资料集等获取整理。另外,还需判定所生成的户型特征是否符合户型组合要求。

(3) 基于建筑师主观评价的合理性检验

为了增强算法的人机交互能力,使建筑师在参数化生成设计过程中能够根据主观需求对住宅方案进行取舍,在算法中加入了主观评价规则模块。主观评价规则模块是一个开放性的模块,能够由建筑师手动设置、编写筛选规则,算法在合理性检验流程中根据用户设置的规则对已生成方案进行检验,如符合建筑师设定的主观要求则保留该方案,如不满足则舍弃该方案,继续进行下一次方案生成。

主观评价规则可以以两种方式完成设置:一种是对算法中已制定的部分评价规则进行主观选择,决定每条规则生效与否;另一种是以用户增加补充 Python 代码的方式进行,用户需要按规则增加描述性的代码语句,制定新的评价规则。

目前算法中内置的评价规则主要包括:入户门朝向;户内交通空间比例;餐厅与厨房、起居室的关系,是否嵌套;卫生间与卧室独立/嵌套关系;起居室、主卧室朝向;起居室与入户门距离限值;起居室入口(门洞)最小宽度;独立卫生间、独立餐厅朝向;北向最远端房间是否布置辅助功能房间;北侧外墙轮廓凹凸距离限值;南侧房间凹凸距离限值;餐厅、厨房之间距离限值。

由于该算法的开发尚处于初级阶段,合理性检验模块中的内置评价规则目前较少,需要后续对评价规则进行扩充,使主观评价的可选范围更广。另外,现阶段用户制定新的评价规则需要一定的 Python 代码基础,并建立在对该算法有一定了解的基础上,后续算法的完善需要优化这一部分,使这一模块的交互功能更加友好。

3.3.4 方案可视化模块

该模块主要对以上自动生成方案进行可视化显示,包括标准层平面的自动绘制及标准层模型的自动建模。这一步骤主要在 Grasshopper 中结合 Python 语言完成,如图 3.23 所示,简要流程如下。

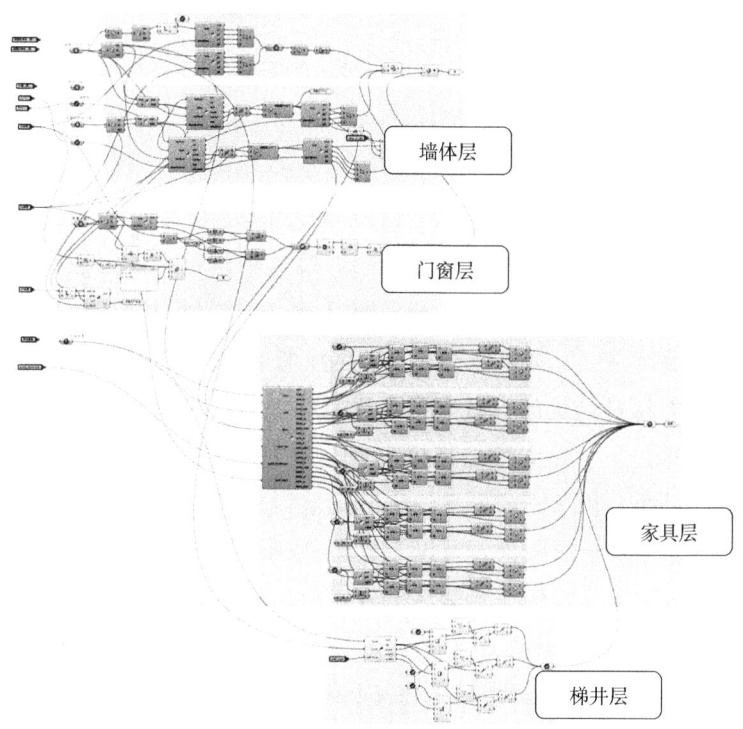

图 3.23 标准层平面绘图的 Grasshopper 算法实现过程

(1) 墙线及外窗绘制

首先通过算法判定标准层轮廓图形中的外墙与内墙信息,根据用户输入的外墙、内墙厚度信息,分别建立外墙、内墙轮廓,绘制双线墙。然后根据门窗位置对绘制的双线墙进行剪切,留出门窗洞口。最后根据外窗位置、宽度信息绘制外窗。

(2) 入户门、户内门绘制

读取户型简要轮廓平面中表示入户门位置的直线段,以及算法中生成的入户门、户内门开启方向,绘制入户门、户内门。

(3)家具布置

判定各个房间功能及墙体、门窗位置关系,确定家具摆放位置,读取算法内置的简化家具模块,插入所生成的平面图中。

(4)标准层3D模型

将以上生成的墙线、门窗平面图形附以高度信息,生成标准层平面3D模型,将平面家具模块转换为3D家具模块。

3.3.5 能耗模拟模块

在常规设计流程中,能耗模拟模型通常需要手动建立,在基于Sketchup的建筑性能分析软件MOOSAS中,能够将建筑设计模型自动转化为性能模拟模型,在正向的常规设计流程中简化了性能模拟过程。本书中的住宅平面方案自动生成算法依据逆向的设计流程进行设计,跳过由建筑设计模型到性能模拟模型的转化问题,直接由参数化设计流程自动建立能耗模拟模型。另外,住宅方案自动生成算法的主要优势是能够在自动生成的大量方案中进行性能模拟比选,以获得能耗性能相对最优的设计方案,这是常规设计流程无法达到的。以上优势得益于通过算法自动建立性能模拟模型,完成无人值守的多次性能模拟,并获得大量模拟结果,用于不同方案的比选。

目前,通过多种已有插件,可以完成基于Grasshopper的参数化性能模拟计算,包括能耗、采光、通风、力学等多种性能参数。其中,Honeybee可以调用能耗模拟软件EnergyPlus和OpenStudio进行能耗模拟,并调用Daysim和Radiance进行采光模拟;Geco将Grasshopper模型导入Ecotect中进行计算,并在Rhino中显示计算结果;Ladybug可导入世界各地的气象信息;Butterfly可以调用CFD软件OpenFoam进行室内外风环境模拟;Karamba有限元分析插件可以计算结构节点受力情况等。另外,Grasshopper内置的Python、VB和C语言模块可以作为其他性能目标算法的输入端口,实现用户自定义性能优化目标。同时,也可以通过导入简化的性能模拟算法提高方案优化速度。

本书算法中的能耗模拟模块通过Grasshopper插件Honeybee实现,Honeybee插件是Grasshopper平台的一个能耗模拟插件,插件的工作原理是通过调用EnergyPlus能耗模拟引擎进行模拟计算。

由于本次优化针对方案前期阶段,为了提高优化速度,对方案进行了简化

第3章 北方住宅方案参数化自动生成设计方法与算法

的模拟设置。首先,将整栋建筑简化为单层模型,将楼板、地板和户间墙设定为绝热,忽略了楼层、交通核对模拟结果的影响。然后,将每个功能房间设置为一个模拟区域 Zone,仅获取整体及各个区域单位面积采暖负荷和制冷负荷,用于反映住宅标准层空间布局对单层耗能情况的影响。为了进一步简化计算,在算法编写中未考虑采光、照明能耗对住宅平面的影响,对住宅平面的能耗模拟仅包括了采暖和制冷负荷。

另外,在算法中设计了开放的接口,用户可以手动调节模拟参数,如用户未设置模拟参数,则采用默认的模拟参数。默认的模拟设置采用理想空调系统(ideal air load system),采暖期设定为 11 月 15 日至次年 3 月 15 日,供冷期设定为 6 月 1 日至 8 月 31 日。气象参数使用 EnergyPlus 数据库提供的所在城市的气象参数,目前算法支持的城市为北方主要城市,包括北京、天津、石家庄、乌鲁木齐、西宁、兰州、银川、西安、呼和浩特、太原、郑州、济南、沈阳、长春、哈尔滨。另外,工况相关设定中,住宅内部人员密度取 0.018 人$/m^2$。人员活动规律:工作日,10:00—16:00 无人员活动,7:00—9:00 和 17:00—18:00 有 50% 人员活动,其他时间为 100% 人员活动;节假日,7:00—18:00 有 50% 人员活动,其他时间为 100% 人员活动。

第4章 性能导向的绿色住宅性能优化方法与算法

本章主要针对已有住宅方案的优化问题，主要面向住宅方案设计初期，优化目标为建筑能耗，优化范围包括已经在设计过程产生住宅平面初步方案的平面空间尺寸、门窗尺寸、围护结构性能等。在方案优化过程中，首先对住宅性能导向建筑优化方法流程进行归纳，然后针对常规多目标优化过程的工程实施难度问题，建立北方住宅标准层一键智能优化算法，简化住宅方案能耗优化过程。常规参数化优化流程需要首先建立参数模型、提取优化参数，前期工作量较大。本算法能够大大简化优化过程，实现住宅方案的一键智能优化。通过算法可实现自动识别户型特征，自动判定户型空间和围护结构可变参数，自动建立参数模型，调用建筑能耗模拟软件 EnergyPlus 实时计算能耗数值，并根据用户需求调用遗传算法模块进行方案能耗的自动优化。

本章中涉及的住宅方案来源包括两部分：一部分为用户输入的已有设计方案，另一部分为本书第 3 章中生成的设计方案。

需要说明的是，虽然第 3 章的方案生成算法中已经包含性能模拟环节，能够用来评价生成的设计方案性能，辅助用户选取性能较优的设计方案，但是第 3 章生成过程中的性能模拟的主要目的是寻找空间布局最优的设计方案，在生成过程与模拟设置中，方案的部分可变参数（如窗墙比、围护结构性能等）都设为相同的默认值，未作为方案生成的可变参数出现。如果在方案生成阶段将所有与性能相关的参数变化全部开放，布局相似的方案可能由于窗墙比、围护结构 K 值等取值的不同而产生较大差异，要想对比方案空间布局的优劣，则需要的样本数据量将呈几何级增加，这对于目前方案生成算法的效率来说是不合理、不能接受的。因此，第 3 章中由住宅标准层生成算法生成的方案还有性能提升的参数优化空间，有继续进行性能优化的必要。

4.1 参数化性能寻优设计方法概述

4.1.1 最优化问题

(1) 最优化问题的定义

最优化理论是数学中的概念,主要作用是在某个具体问题中基于大量数据的解集中获取最优解,在所有方案中确定最优的方案。最优解的确定一般依据评价目标的设定,当具体问题中包含多项相互冲突的评价目标时,在寻找最优解的过程中需要综合考虑各项评价目标,则形成了多目标优化问题(MOP)。最优化问题的求解基础是对待优化问题的各个变量进行参数化描述,形成参量与评价指标之间的对应关系,因此最优化方法也可称为参数化优化方法。

通过参数最优化方法进行性能导向设计已经广泛应用于工程设计,基于某项设计目标,通过参数优化过程生成多种可行方案,并根据性能评价条件选取相对最优方案,达成对可衡量效益的内在量化过程。例如,李隆等利用参数优化方法进行了飞行器机翼和机体的综合设计[85]。

(2) 最优化问题的最优解

在单个评价目标的优化问题中,由于评价目标是唯一的,所以能够获得该评价标准下的最优解。在同时存在多个评价目标的优化问题中则无法获得所有评价指标同时达到最优的方案。当多项评价目标相互矛盾时,一项目标的优化可能导致另一项目标的损失。因此,在多目标优化问题中,以帕累托(Pareto)解集的形式描述最优解,最优解集在坐标系上以帕累托前沿面的形式出现。

4.1.2 遗传算法

遗传算法(GA)是解决最优化问题的常用算法,通过算法模拟自然选择和自然继承过程,通过繁衍、交叉和基因突变现象获取最优的基因组。在每一个迭代过程中,根据遗传优化规律,通过遗传、变异等重复迭代过程,能够以较少的运算次数得到最优解。与遗传算法相关的概念包括种群数量、基因、染色体、精英率、突变率、交叉率等。图4.1所示为遗传算法原理流程。

4.1.3 建筑性能优化的设计流程

如图 4.2 所示，建筑性能优化具体分为三个过程：

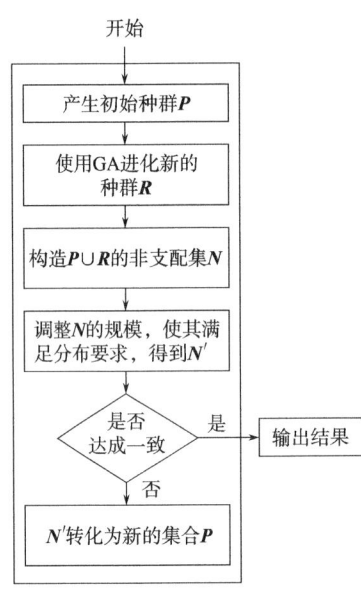

图 4.1 遗传算法原理流程

1）建立参数化模型，确定参数变化区间。对建筑体形、围护结构性能、使用过程参数进行提取、设置和建模，如确定住宅户型组合、房间（起居室、卧室、餐厅、厨卫空间）形状、面积、尺寸与组合方式、功能分区与使用状态和节律特征等。由于绿色建筑评价标准对住宅体形、平面和立面、围护结构的设计参数均有明确要求，参数的数值变化区间有限。同时，由于住宅与人体尺度的关联性，房间面积、形状和长宽比数值变化也限定在一定区间。

2）性能模拟过程。建立参数化模型与性能模拟之间的关联关系，完成各种参数组合的性能分析。

3）算法寻优。通过已有工具或编写程序调用遗传算法等优化算法，在确定的参数区间范围内，通过参数组合自动设置或自动寻优，依据结果逆向获得最接近性能要求的方案。

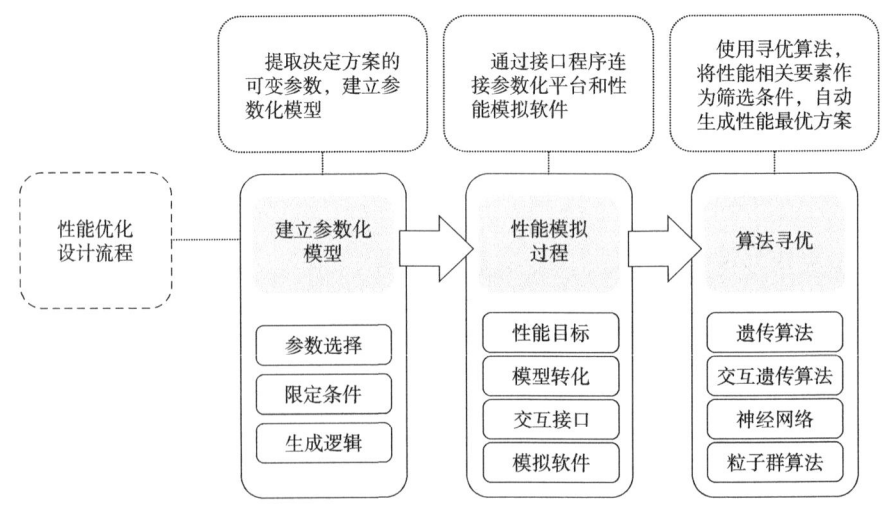

图 4.2 建筑性能优化设计流程

4.2　性能导向的北方住宅方案优化方法

既有的住宅绿色设计是"正向"的设计流程：首先由设计者完成设计过程，然后通过性能模拟获得性能反馈结果，根据反馈结果改进设计方案。在这个过程中，反馈和设计是分别进行的，设计者通过设计—反馈—修正—再反馈的过程获得最终方案，优化效率低且无法获得最优的设计方案。而"逆向"的设计流程，即目标导向的设计流程，从根本上解决了方案设计与模拟分析之间的时滞性问题。设计者首先设定能耗、日照、通风、碳排放等性能目标，确定设计参数，然后建立参数化模型，通过计算机实现更高效的优化反馈，从而可以完成高度复杂的多目标方案优化，获得多种复杂条件下的最优方案。

图 4.3 所示为某案例住宅方案优化的一般流程，主要可归纳为住宅参数化模型构建、性能模拟模型建立、遗传算法优化三个步骤。

4.2.1　构建住宅参数化模型

参数化模型的作用是建立设计参数和设计结果之间的关联性。设计者通过调节可变参数，自动生成该参数条件下的方案模型，通过不同参数的排列组合获得大量比选方案，进行最优方案筛选。参数化建模的主要流程包括两部分：设计参数选择、建立参数与模型的关联关系。

4.2.2　建立性能模拟模型

通过数据接口调用外部建筑能耗模拟软件（如 EnergyPlus），实时计算能耗数值。根据建筑师需求完成方案生成与性能优化，在户型的空间体形和围护结构性能的参数变化区间内进行遗传算法寻优，通过反复模拟与比选获得满足或优于目标要求的方案，实现住宅信息模型构建、设计参数提取、自动采样、信息模型转换、性能模拟软件调用、遗传算法优化等功能。

目前，通过多种已有插件可以完成基于 Grasshopper 的参数化性能模拟计算，包括能耗、采光、通风、力学等多种性能参数。其中，Ladybug & Honeybee 插件中，Ladybug 可导入世界各地的气象信息，调用能耗模拟软件 EnergyPlus 和 OpenStudio 进行能耗模拟，并调用 Daysim 和 Radiance 进行采光模拟；Geco 将 Grasshopper 模型导入 Ecotect 进行模拟计算，并在 Rhino 中显示模拟结果；

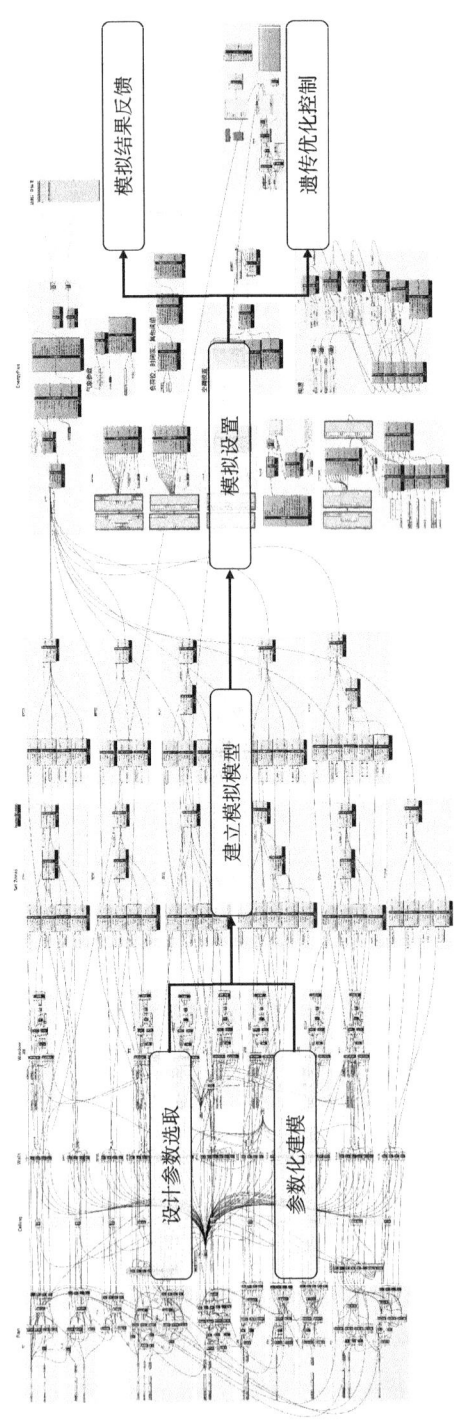

图 4.3 住宅方案优化的 Grasshopper 算法实现流程

Butterfly 可以通过调用 CFD 流体力学模拟软件 OpenFoam 进行室内外风环境模拟；有限元分析插件 Karamba 可以计算结构节点受力情况等。另外，Grasshopper 内置的 Python、VB 和 C 语言模块可以作为其他性能目标算法的输入端口，实现用户自定义性能优化目标。同时，也可以通过导入简化的性能模拟算法提高方案优化速度。

4.2.3 基于寻优算法的户型优化

寻优算法（optimization algorithm）又译为优化算法，是根据一定条件在一定范围内寻找最优解的方法集合。与传统寻优算法相比，现代寻优算法通常将生物学过程用算法模拟，如遗传算法、退火算法、神经网络算法、粒子群算法等[86,87]。现代寻优算法能够减少取样数量，极大缩短优化时间，应用非常广泛。计算机辅助方案优化过程即寻找设计参数最优解的过程。

通过以上流程建立参数化模型和性能模拟平台后，可以获得大量参数组合的比选方案和性能数据，下一步需要基于寻优算法对大量数据进行分析和优选，获得最优方案。在 Grasshopper 平台中，Galapagos 基于遗传算法和退火算法能够解决单一目标的多参数优化问题[88]；Octopus 作为 Grasshopper 的多目标优化插件能够完成基于进化算法的多目标优化问题，计算帕累托最优解[89]。

4.3 北方住宅标准层方案一键智能优化算法开发

常规的效果导向方案优化方法中，主要基于参数化技术，利用遗传算法等优化算法完成建筑性能优化，目前利用遗传算法进行建筑性能优化的相关研究较多。对于已有住宅方案的性能优化问题，常规参数化优化流程需要首先建立参数模型，手动提取优化参数，再进行遗传算法优化，对于实际应用来说，前期工作量和技术门槛都相对比较高，在实际工程应用中，往往由于方案设计周期、技术因素的影响有一定的应用难度。

在本书的研究中，针对北方住宅标准层设计方案的优化问题，开发简化的效果导向优化算法，通过自动进行户型特征识别、自动判定优化参数并建立参数化模型、自动调用遗传算法进行方案优化等流程的算法编写，简化参数化优化设计前期的部分手动流程，如图 4.4 所示。

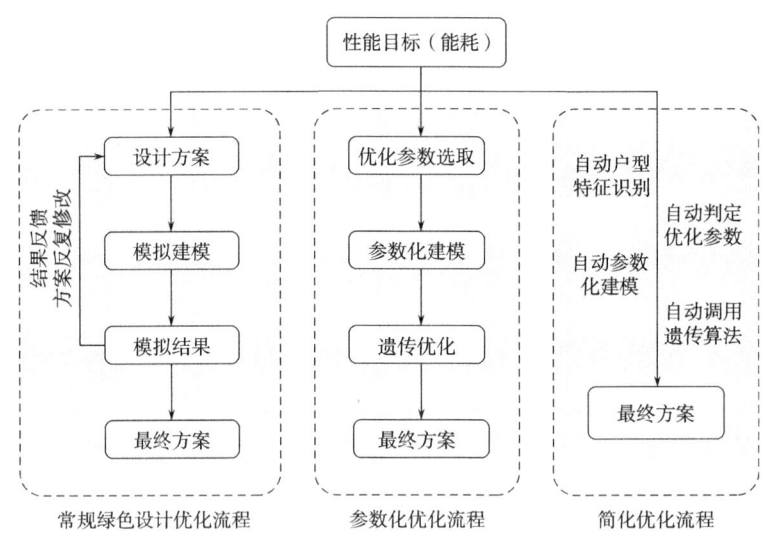

图 4.4　常规绿色设计流程与简化的优化算法流程对比

该算法主要基于 Grasshopper 及 Python 语言编写，以简化方案优化过程为目标，通过算法实现北方住宅标准层方案的一键智能优化。通过算法实现自动识别户型特征，自动判定户型空间和围护结构可变参数，自动建立参数模型，调用建筑能耗模拟软件 EnergyPlus 实时计算能耗数值，并根据用户需求，调用遗传算法模块进行方案能耗的自动优化。该算法的技术路线如图 4.5 所示。下文将简要介绍户型方案一键智能优化算法的基本功能构架。

4.3.1　方案可变参数特征识别模块

（1）住宅标准层方案获取

本算法中住宅标准层方案来源有三个：由北方住宅平面方案自动生成算法生成的方案，从"北方住宅优秀案例数据库"中获取的方案，以及由用户按一定规则输入的标准层方案。

（2）住宅方案空间参数识别

在住宅户型平面中，各个房间的尺寸存在联动关系，某个房间的尺寸变化会导致其他尺寸跟随变化。在程序进行房间尺寸优化时，首先由算法对平面进行空间特征识别，判定各功能房间的空间关系（相邻、嵌套、共线等），确定各尺寸之间的联动关系。然后，按房间功能由主到次（起居室＞主卧室＞次卧室＞其他功能房间＞餐厅＞厨房＞卫生间）的顺序依次读取房间空间尺寸可变参数，

第 4 章 性能导向的绿色住宅性能优化方法与算法

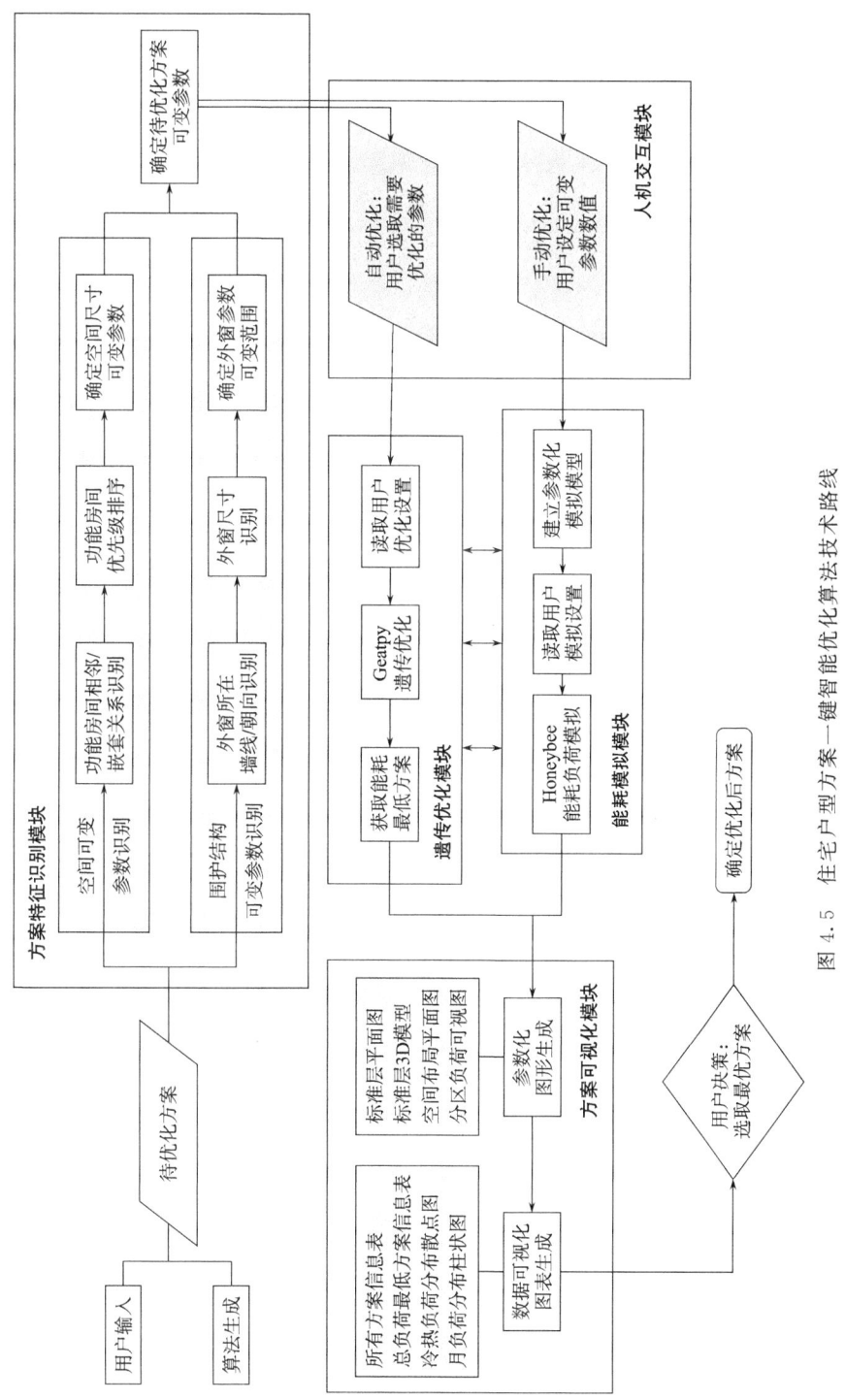

图 4.5 住宅户型方案一键智能优化算法技术路线

将较高优先级房间的尺寸作为可变参数，与较高优先级房间相关联的房间尺寸作为不可变参数，获得各个房间面宽、进深可变参数的数值及取值范围，以列表的形式输出。

例如，在某户型中，程序识别到客厅面宽、次卧面宽两个参数是联动关系，会将客厅面宽设置为可变参数，用户可调，次卧面宽设置为联动参数，用户不可调。当用户改变客厅面宽数值时，次卧面宽也随之改变。

(3) 住宅方案围护结构特征参数识别

围护结构特征包含外窗参数和围护结构性能两部分。确定待优化方案后，将方案中各外窗编码，通过算法识别各个外窗的窗墙比、窗宽高比及窗台高度数值及取值范围，以列表的形式输出。围护结构性能参数包括外窗 K 值、外墙 K 值和内墙 K 值。

4.3.2 人机交互的方案优化参数设定模块

(1) 方案待优化参数可视化

由方案可变参数特征识别模块获取待优化方案的可变空间参数、围护结构特征参数及取值范围，在可视化界面中显示，供用户进一步根据需求选择优化参数及优化方式。

(2) 人机交互的方案优化参数设定模块

该模块提供了方案优化参数手动设定与自动识别两种住宅方案优化流程供建筑师选择。

1) 方案优化参数手动设定。在完成待优化方案的可变参数识别后，建筑师在可变参数可视化界面中根据主观需求直接修改空间尺寸可变参数和围护结构参数的数值。相应地，算法根据用户调整后的数值重新生成新的住宅标准层建筑方案，并通过可视化模块将修改后的方案变化进行可视化显示。同时，程序调用方案能耗模拟模块获取修改后的方案各项能耗负荷信息，将本次修改所导致的方案性能变化实时地反馈给用户，供建筑师参考，并进行下一次方案修改，直至获取满意的优化方案。

2) 方案一键自动优化。自动优化是指以方案的总能耗负荷为优化目标，通过调用遗传算法对方案进行自动寻优优化，获取各可变参数，达到最佳取值的最优方案。在自动优化开始前，用户可手动设定所需优化项目，包括选择优化房间的功能、面宽/进深、门窗朝向、门窗优化类型、围护结构优化选项等。例如，用户需要优化主要功能房间的面宽、进深及南向房间的窗墙比，则算法自动将以上参数设定为可变参数，输入遗传算法模块中，自动完成优化流程。

由于算法开发尚处于初级阶段，本模块目前仅支持能耗负荷单目标优化，后续将扩展能耗、采光、通风等多性能目标的优化功能。

4.3.3 能耗模拟模块

本模块与3.3.5节中住宅平面方案自动生成算法中的能耗模拟模块功能类似，通过Grasshopper平台及Ladybug & Honeybee插件，建立方案的参数化模拟模型，通过Honeybee调用EnergyPlus模拟软件，完成能耗负荷的模拟和实时呈现。为了简化计算，提高方案设计前期的优化速度，在算法编写中未加入采光、照明能耗对住宅平面的影响，对住宅平面的能耗模拟优化仅包括了采暖和制冷负荷。

4.3.4 方案遗传优化与可视化模块

以北方住宅标准层总负荷模拟数值为优化目标，通过方案优化参数设定模块自动获取住宅标准层方案的优化参数及参数值，利用遗传算法进行方案的性能优化，搜索各项可变参数最优的最低能耗方案。该模块中的遗传优化主要通过Python语言中的Geatpy遗传和进化算法库实现。

1) 获取可变参数。从优化参数设定模块中获取待优化方案的可变参数及取值范围，在Geatpy遗传算法库中进行设置。

2) 建立可变参数与能耗模拟模块之间的参数化映射关系。用遗传算法库Geatpy控制可变参数进行自动取值，当可变参数数值改变时，改变的参数数值自动反馈到方案参数化模型中，完成新方案的生成。同时，能耗模拟模块自动响应并获取新方案的能耗模拟结果，反馈给遗传优化模块。

3) 完成方案优化。通过Geatpy遗传算法库完成优化过程，实时记录优化结果并在界面中进行可视化显示，可视化显示内容包括当前最优方案、优化计算次数及优化结果的数值分布图表等。可视化模块与住宅平面方案自动生成算法中方案可视化模块功能类似。当优化结果满足设计要求时，用户可根据需求终止优化流程，获取最终方案。

第5章 北方住宅智能绿色设计工具平台 TH – Green House Designer 开发

本章主要介绍北方住宅智能绿色设计工具平台"住宅设计节能助手 TH – Green House Designer",该平台以北方住宅方案参数化自动生成算法、性能导向的绿色住宅性能优化算法(算法内容见本书第 3、4 章)为基础开发,是面向建筑师的智能绿色设计综合平台。平台以绿色低碳为出发点,通过引入人工智能新技术实现绿色性能导向的住宅方案自动生成、人机协同一键绿色节能优化,通过数据可视化技术提供即时、有效、直观的客观量化数据,在设计前期促进住宅节能效果的提升。经实际工程验证,应用该平台,在北方住宅方案设计前期,能够在不提升建设成本的前提下比较显著地提升住宅建筑绿色节能效果,并提高建筑设计前期工作效率。

5.1 平台基本特性

5.1.1 平台功能简介

随着人工智能技术的飞速发展,通过计算机进行设计方案的自动生成成为建筑行业未来重要的发展方向。平台采用生成设计方法,通过数字技术,利用计算机算法完成设计过程,基于设计条件自动生成设计方案,包括图像、数据、建筑模型等。基于数据的生成设计方法的优势是,通过快速获取多种设计可能性,并进行基于数据的筛选寻优,可以快速获得目标导向的最有利方案,整个设计过程更加科学、高效。北方住宅智能绿色设计工具平台"住宅设计节能助手 TH – Green House Designer"作为住宅设计辅助软件,倡导一种新的设计模式,其中包含了性能导向的方案多样性挖掘,以及基于数据的优化筛选,这一优势是传统设计方法所不具备的。

第5章 北方住宅智能绿色设计工具平台 TH–Green House Designer 开发

TH–Green House Designer 基于 Grasshopper 平台及 Python、C 语言编写，是一个面向建筑师的性能导向北方住宅绿色设计方法与技术协同工具平台。平台突出以节能目标为导向、建筑师主导、基于参数化生成设计的设计方法，以基于数据的设计方法流程为基础，根据住宅设计条件和能耗模拟指标，为北方住宅单体设计方案前期提供支持。以参数化设计、遗传算法、案例推理设计、计算机生成设计方法为理论基础，构建方案初期的人机协同工作模型，适应建筑师的工作习惯，促进人机关系的革命性变革。该平台的功能有三个：

第一，利用参数化生成设计的技术思路，实现住宅设计及方案的自动生成。用户输入需求的住宅方案基本信息，计算机通过生成算法自动实现方案的设计与生成，同时获取大量有效方案及相关的绿色性能信息。以建设条件和使用需求为输入条件，通过参数化建模关联数据与模型，将体形、空间、尺寸和性能参数化，将方案发展、参数设置与性能优化结合，通过计算机参数化生成和检索匹配，提供符合特定需求的标准层方案供建筑师选择，通过方案生成减少建筑师工作量。

第二，通过调用能耗模拟工具，随着方案进展即时呈现性能分析结果，让性能评价与建筑设计决策过程同步进行，通过建筑性能的数字化模拟分析为建筑师提供实时的性能效果反馈，通过数据可视化技术提供即时、有效、直观的量化客观数据，通过参数化模型将性能落实到设计响应。利用人机交互及数据可视化模块，将生成结果提供给建筑师参考比选。

第三，以能耗目标为导向，通过基于遗传算法的方案优化，完成性能导向的建筑形体、空间组合、平面和围护结构设计，最终提供满足性能目标需求的优化后方案。在当前版本的工具开发中，为了简化计算，提高方案设计前期的优化速度，住宅平面的能耗模拟仅包括了采暖和制冷负荷，暂未考虑采光、照明能耗对住宅平面的影响。

5.1.2 平台工作流程与特点

传统的绿色设计流程下，方案设计与绿色设计两部分是分开进行的，方案设计流程与能耗模拟流程脱节，导致方案阶段的性能潜力得不到充分发挥，不利于建筑方案的性能优化。

目标导向的设计流程从根本上解决了方案设计与绿色设计之间的"断口"问题。在方案设计的全流程中，建立了人机协同工作平台，重新界定人机关系，改变了计算机通过数据主导建筑师不断修改方案的模式。利用数字技术构建的住宅绿色设计工具平台为住宅绿色设计提供了可视化的数据支持。平台引入人工智能新技术应对建筑设计方法的变革，通过图形识别和处理技术处理户型数据库，通过机器学习加快分析计算速度，通过数据可视化技术提供即时、有效、直观的量化客观数据，通过参数化模型将性能落实到设计响应，在方案生成与性能提升的同时提高建筑师工作效率，在性能约束下获取更大的设计自由度。

TH-Green House Designer 遵循性能导向的设计流程，在功能设计上突出以性能目标为导向，面向建筑师，应用参数化生成设计方法，将节能性能提升与住宅建筑设计方案初期的体形与空间布局、围护结构设计相关联，目的是在住宅设计初期，通过建立人机协同工作平台，改变常规绿色设计流程与工作方式，重新界定人机关系，通过计算机参与绿色住宅节能设计过程，在方案前期通过基于数据的设计充分发掘住宅方案的节能潜力。

一方面，平台通过生成设计方法与算法改变了设计过程的因果关系。通过数据库方案原型归纳的基本思路，提取建构北方城镇住宅参数化生成逻辑，模仿建筑师常规住宅设计特点，充分发挥计算机智能设计新技术的作用。其改变了常规设计中建筑师单向接受计算机提供的性能数据，手动修改方案的设计流程，转变为以性能为导向，建筑师设定设计条件，计算机据此生成和提供满足性能要求的方案集，由建筑师依据设计意图综合诸多因素进行决策，提高建筑师工作效率。

另一方面，针对利用优化算法的住宅性能优化过程，考虑建筑师在实际项目方案设计阶段的工作特点，通过建立简化的优化算法，将常规由设计者手动设定优化参数、建立参数化模型并建立计算机算法程序的复杂优化过程转变为由计算机对优化方案特征进行智能识别，自动判定可变参数、优化区间，并进行方案的一键自动优化。另外，通过人机交互功能为建筑师提供优化参数的选择接口。

通过人机交互功能和可视化界面的开发，将设计方案与性能数据通过可视化功能直观地传达给建筑师，帮助建筑师即时把控性能和效果，让性能评价与住宅体形方案设计的思维过程相互整合，为建筑师提供直观的决策环境，提升设计方案节能效果。

5.1.3 平台优势与创新点

平台的主要特点和功能优势可归纳为以下四点。

第5章 北方住宅智能绿色设计工具平台 TH-Green House Designer 开发

(1) 面向建筑师的方案设计工具平台

建立人机协同工作平台,重新界定人机关系,改变了计算机通过数据主导建筑师不断修改方案的模式,让建筑师关注性能目标,在前期目标设定与后期方案决策中发挥作用,中期方案生成、参数设置和性能分析交由计算机完成。平台基于建筑师熟悉的软件平台开发,适应建筑师工作和思维习惯,针对性强,效率高,操作简便。以建筑师熟悉的工具平台为基础整合数据接口,方便调用各种成熟的数值模拟分析软件,并使用较为简洁易懂的 Python 语言作为接口语言。通过数据可视化技术提供即时、有效、直观的量化客观数据,通过参数化模型将性能落实到设计响应,在方案生成与性能提升的同时提高建筑师工作效率,在性能约束下获取更大的设计自由度。

(2) 基于数据设计方法的性能数据支持机制

平台在设计方法与流程中突出性能导向的设计理念,在住宅方案设计的全过程中充分利用反复多次能耗模拟,获取大量方案的能耗模拟数值,并通过可视化功能以图表直观地呈现给建筑师,利用软件工具为建筑师在设计全过程中提供性能数据支持,充分挖掘住宅方案阶段节能潜力,形成更科学、准确的绿色节能设计决策过程,改措施导向为性能导向,确保性能目标的实现。

(3) 方案设计过程的计算机深度参与

参数化生成设计方法与算法的运用有利于在方案调整、参数设置与性能分析之间建立快速的联系和响应,提高效率,完成从规划到建筑设计多级参数的设置和分析。参数化建模将性能与建筑体形及平面、立面和剖面设计结合起来。由于住宅建筑在气候应对、居住模式、功能布局、空间组合及使用方式方面具有明确而稳定的模式,相对而言,功能组成简单,空间关系清晰,房间数量少,形状尺寸变化幅度有限,易于进行数字化描述和参数化控制,是实施目标和效果导向的有效切入点。在目前简单技术堆砌无法取得预期效果的情况下,增量挖掘需要依靠性能导向的精细化设计与技术协同,发挥参数化设计的优势,完成体形与性能参数精确设置,通过模拟数据和实测数据的反复迭代,实现多目标、多参数影响下的技术协同,目标明确而过程开放,让设计更具灵活性。

(4) 简化的方案优化功能实现

常规参数化优化流程需要首先建立参数模型,手动提取优化参数,再进行遗传算法优化,对于实际应用来说,前期工作量和技术门槛都相对比较高,在实际工程应用中,往往由于方案设计周期、技术因素的影响,有一定的应用难度。TH-Green House Designer 针对北方住宅标准层设计方案的优化问题,开发简化的效果导向优化算法,通过自动进行户型特征识别、自动判定优化参数并建立参数化模型、自动调用遗传算法进行方案优化等流程的算法编写,简化参数化优化设计前期的部分手动流程。

5.1.4 平台功能构架

TH-Green House Designer 以对北方寒冷地区住宅户型的功能、空间和交通组织逻辑的特征研究为基础,输入目标户型的基本信息(户型面积、房间数量、朝向等),依据定义的算法生成接近目标性能的方案集。平台主要功能包括:住宅方案自动生成、实时模拟及性能可视化、方案自动/手动一键优化、方案优化参数智能判定、自动生成标准层平面、自动 3D 建模、自动生成报告等。平台目前主要针对北方地区住宅特征开发,主要进行北方严寒及寒冷地区住宅设计方案生成与优化。

平台的开发遵循性能导向的设计流程,通过设计参数及性能目标设定和方案智能生成算法,为建筑师提供大量符合功能要求的方案集及可视化的性能信息,获得多种复杂条件下的最优方案。平台包含四个主要的功能模块:设计参数与限定条件设定模块、住宅方案自动生成与性能可视化模块、基于遗传算法的住宅能耗优化模块和图纸与报告生成模块。平台主要功能架构见图 5.1。

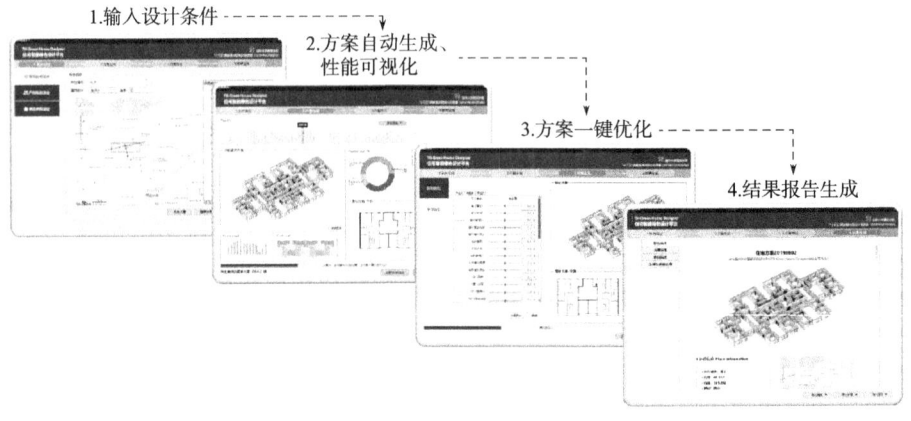

图 5.1 TH-Green House Designer 平台架构

平台的功能架构主要包括以下三部分：

1）输入设计条件。建筑师通过设计参数与限定条件设定模块输入方案任务书基本信息、户型功能与空间需求、标准层楼栋信息等各项设计参数和户型功能诉求，设定功能空间尺寸范围及围护结构特征。通过参数化编码规则将这些信息转化为计算机可识别的编码，输入计算机中供后续算法调用。

2）方案自动生成与性能可视化。通过调用住宅建筑空间逻辑构建与方案自动生成算法，利用参数化设计方法，模拟建筑师住宅设计思路，通过户型原型参数提取与限定条件筛选的基本思路，以计算机算法实现住宅标准层方案的智能生成。实现用户输入方案基本信息，如户型面积、房间数量、标准层类型、朝向等，计算机通过算法自动生成大量符合要求的户型方案，通过能耗模拟过程获得方案的性能信息，供建筑师参考。

3）方案一键优化。在方案生成模块中，建筑师通过能耗性能可视化与人机交互功能，综合考虑性能因素与方案功能空间参数，选取其中一组最适合的方案，输入平台的方案优化模块。该模块提供两种优化方案供建筑师选择：基于遗传算法的自动优化模块优化，或者人机交互的手动方案优化。通过优化过程，对方案各项设计参数进行调整，进一步降低能耗负荷。

5.2 平台功能模块及技术路线设计

图5.2所示为平台算法的技术路线。

5.2.1 设计参数与限定条件设定模块

在常规的建筑设计流程中，设计者需要首先明确建筑设计的各项先决条件，如建筑所在的区位条件、气象信息、设计任务书要求、标准规范及功能需求等。在目标导向的逆向建筑设计流程中，为了实现住宅单体方案的自动生成与自动优化，同样需要明确以上方案设计需要满足的各项条件，并将各项条件通过参数化编码的方式转化为计算机能够识别的参数，供平台进一步调用。

在平台设计参数与限定条件设定模块中，将各类参数分为基础信息、户型信息、楼栋信息三个部分，主要设计参数详见表5.1。

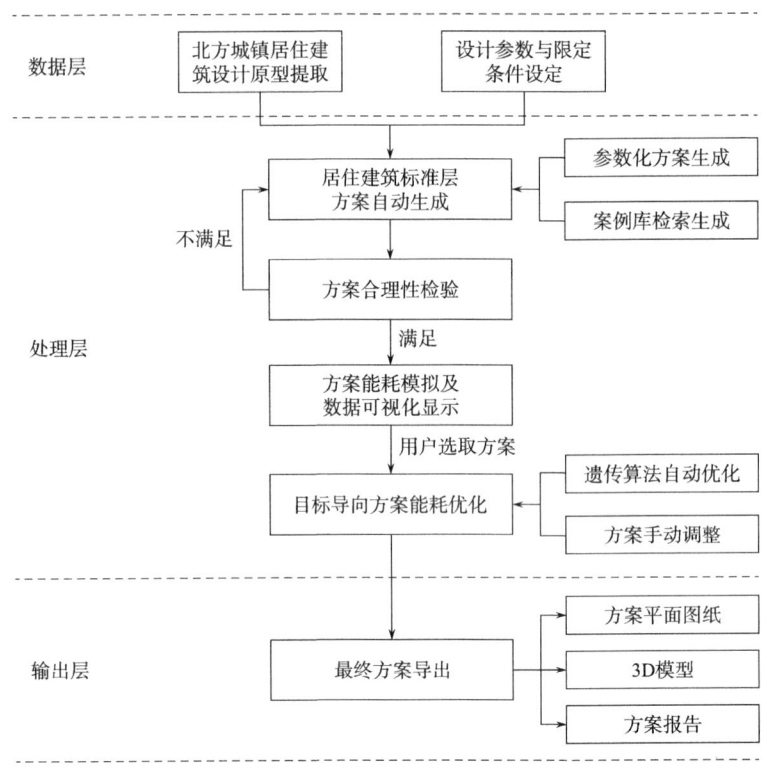

图 5.2 TH-Green House Designer 平台算法技术路线

表 5.1 住宅方案生成设计参数

参数类型	参数名称	参数描述	参数类型	参数名称	参数描述
基础信息	city	所在城市	基础信息	wall_k	外墙 K 值
	orient	建筑朝向		in_wall_k	内墙 K 值
	degree	朝向偏转角度		window_K	外窗 K 值
	site_coord	场地坐标	户型信息	suit_number	生成户型数量
	build_coord	建筑中心点坐标		area	户内面积
	heat_type	采暖类型		_range	户内面积浮动范围
	heat_period	采暖时段		bed	单户卧室数量
	heat_time_start	采暖开始日期		wc	单户卫生间数量
	heat_time_end	采暖结束日期		other	其他功能房间数量
	cool_type	制冷类型	楼栋信息	floor	建筑层数
	cool_period	制冷时段		floor_type	标准层类型
	cool_time_start	制冷开始日期		unit	单元数
	cool_time_end	制冷结束日期			

第 5 章　北方住宅智能绿色设计工具平台 TH-Green House Designer 开发

(1) 基础信息参数设定

方案基础信息包括气候、区位条件、场地环境等住宅建筑方案设计所需的各项基本参数，是进行方案生成的基本参数。基础信息设定包括住宅建筑所处的区位条件设定及详细模拟设置两部分。其中，区位条件包含建筑所在城市、区位位置、朝向、场地范围等，用户可以利用地图窗口搜索场地位置，勾画场地范围及楼栋中心所处的位置。目前该平台仅支持北方严寒和寒冷地区的主要城市的方案生成和优化。详细模拟设置可调整能耗模拟的默认设置，包括采暖时段、制冷时段和围护结构信息等。

图 5.3 为平台模拟设置界面。由于夏季空调能耗受用户使用习惯影响较大，部分住户（如老年人）在夏季没有开空调的习惯，住户空调用能情况波动较大，模拟结果不准确。因此，在模拟设置中加入用户可调的夏季空调使用率（折减系数），作为估算的系数。

(2) 户型信息参数设定

住宅方案生成的基本流程包括两部分：首先利用参数化算法自动生成户型方案，然后将户型按一定规则拼接，获得标准层方案。在户型方案的智能生成中，首先需要明确户型的基本布局与功能需求。户型信息参数包括套内面积、套内面积浮动范围、各功能房间数量等，如图 5.4 所示。在户型生成规则高级设置中，可以对各个功能房间的面积、面宽、进深、比例等进行界定，提高户型方

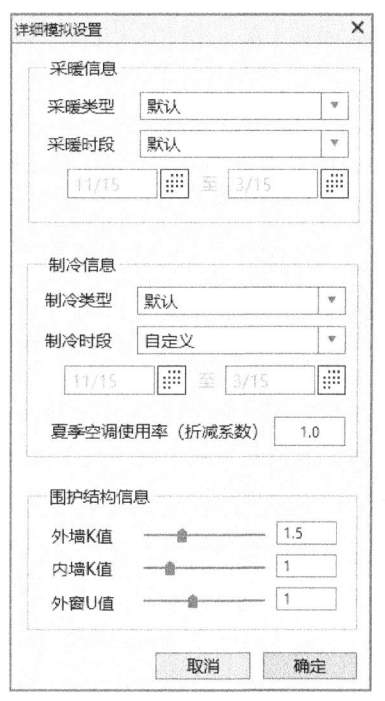

图 5.3　模拟设置界面

案生成的合理性。默认参数依据《建筑设计资料集》[84]、《住宅设计规范》（GB 50096—2011）及经验数据设定。

(3) 楼栋信息参数设定

楼栋信息参数包括建筑层数、单元数及常见标准层类型，标准层类型目前包括一梯两户、一梯三户、一梯四户、走廊式等。

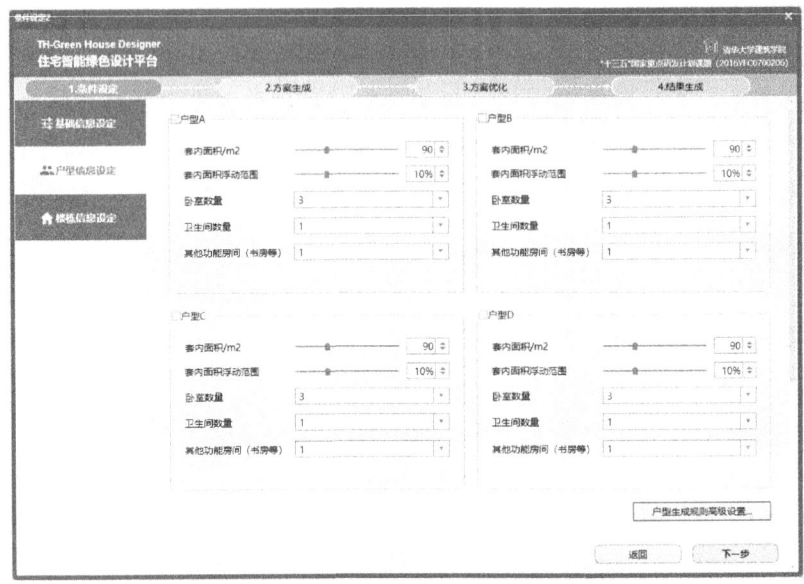

图 5.4 TH‐Green House Designer 户型信息参数设置界面

5.2.2 基于参数化与限定筛选的方案自动生成模块

TH‐Green House Designer 平台将参数化生成设计方法与住宅设计特征相结合，通过户型原型参数提取及限定条件筛选的基本思路，由计算机算法实现住宅标准层方案的自动生成。通过对住宅案例库的原型提取，模仿建筑师住宅设计思路，归纳常见的城镇住宅单体方案生成规则，基于 Grasshopper 平台进行生成算法的编写。该平台可实现用户输入方案基本信息，如户型面积、房间数量、标准层类型、朝向等，计算机通过算法自动智能生成大量符合要求的户型方案，通过能耗模拟过程获得方案的性能信息，供建筑师参考。如图 5.5 所示为方案自动生成与性能可视化用户界面。方案自动生成模块可以分为以下三个部分。

（1）北方住宅设计特征提取

利用原型提取的基本方法，对 300 个北方住宅标准层方案案例数据库进行原型归纳，依据设计方案的基本特征建立参数化模型。本书 3.2 节中详细介绍了设计特征提取的过程。基本做法是：根据住宅方案设计特征，将建筑方案生成过程拆分为户型生成与标准层生成两部分，在每个部分中分别提取相应的形式生成逻辑。首先，在户型生成部分，将案例库方案依据交通空间特征、入户

第5章 北方住宅智能绿色设计工具平台 TH-Green House Designer 开发

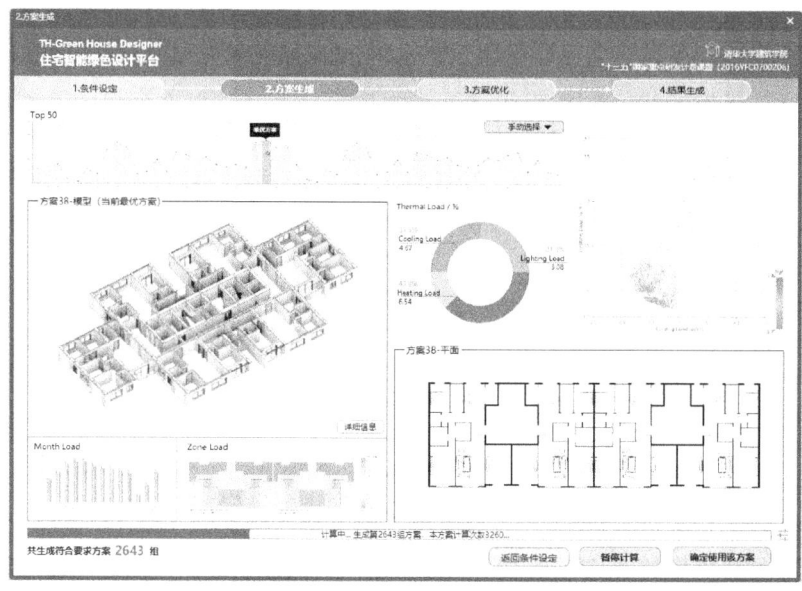

图 5.5　TH-Green House Designer 方案自动生成与性能可视化用户界面

门位置、建筑朝向、外窗开启位置、户型轮廓形状等归纳分类，并将多种户型类型进行简化抽象，建立参数化户型生成逻辑。然后，将多个户型按一定规则拼接，获得标准层方案，提取的标准层生成特征包括户型数量、标准层类型、入户门位置、核心筒形状及尺寸等。

（2）限定条件筛选

对于计算机生成设计来说，所生成方案是否合理是检验生成算法是否成功的重要环节。为了检验方案生成的合理性，在平台中加入了限定条件筛选模块，模块主要从以下三方面保证方案生成的合理性：①户型生成规则遵循现行住宅设计标准及资料集等；②通过案例数据库的归纳分析与特征提取，获取住宅户型功能的基本限定条件，如户内功能流线组织、房间之间的相互关系与空间距离、住宅外围护结构形状是否合理等；③整个限定条件筛选模块采用开放的框架，用户能够自主输入方案限定条件，实现更加精细、人性化的方案筛选。

（3）户型自动生成的算法实现

在以上两部分的基础上，基于 Grasshopper 平台及 Python 编写户型生成算法。平台户型生成算法遵循随机生成及限定条件筛选的基本方法。首先，基于归纳提取的住宅设计原型，通过参数化生成算法进行方案的随机生成；然后，将生成的方案提交至限定条件筛选模块，判定所生成方案是否满足要求，不满足则舍弃，重新生成，直至获得满足要求的方案，完成方案平面和模型的生成，并调用能耗模拟模块，自动获取方案的能耗信息。通过以上算法，能够获取大量符合设计条件的有效方案及方案的能耗信息。

5.2.3 基于遗传算法的住宅能耗优化模块

在住宅绿色性能设计中，以方案阶段性能目标为导向，利用参数化与遗传算法，能够高效地解决性能优化问题，获取能耗、采光、通风、热舒适等绿色性能最优的设计方案。基于遗传算法的自动优化模块的原理是：提取住宅建筑常见设计参数，自动建立参数化模型，通过计算机实现更高效的优化反馈，使设计者可以完成高度复杂的多目标方案优化，获得多种复杂条件下的最优方案。

方案优化模块主要依据参数化设计方法及遗传优化算法编写，平台的方案优化功能支持方案的自动一键优化及实时可视化的方案手动调整。通过方案特征分析算法，实现方案各项设计参数的识别与自动/手动调整，降低方案最终的模拟能耗，获取性能较优的优化方案。

常规的参数化优化流程中，需要首先建立参数模型、提取优化参数，然后通过编写程序调用优化算法及性能模拟软件，前期工作量较大，技术门槛也较高，在住宅建筑绿色设计的实际工程中应用比较困难。为了降低参数优化过程的技术难度，提高优化效率，在平台的开发过程中提供了简化的优化算法，能够通过算法实现自动户型特征识别，自动判定户型空间和围护结构的可变参数，自动建立参数模型，调用建筑能耗模拟软件 EnergyPlus 实时计算能耗数值，并根据用户需求，调用遗传算法模块进行方案能耗的自动优化，大大简化了优化过程，实现住宅标准层方案的一键智能优化。

TH-Green House Designer 平台除支持方案的自动一键优化功能外，还提供实时可视化的方案手动调整。这一功能类似 BIM 的参数化功能，设计者可以根据设计意愿控制和微调设计方案，改变设计参数数值。另外，在整个优化过程中，平台能够自动调用能耗模拟软件，实时获取改动后的能耗数据，实时显示本次调整后的方案平面、模型、面积等信息，实时获得可视化的优化反馈，实现人机交互功能，方便用户进行可视化的方案调整。

（1）优化参数选取范围

平台支持的优化包括房间尺寸、外窗体形、围护结构三部分的自动优化与手动调整。其中，房间尺寸包含各个主要功能房间的面宽、进深，外窗体形包

第5章 北方住宅智能绿色设计工具平台 TH-Green House Designer 开发

含各朝向的窗墙比、窗长宽比及窗台高度，围护结构包含外墙、外窗、内墙等的基本性能参数。

（2）基于遗传算法的方案自动优化功能

自动优化功能能够根据用户需求对方案的某些参数进行遗传算法优化，以住宅标准层总负荷、制冷负荷、采暖负荷为优化目标，通过模拟计算获得总能耗最低的最优方案。图5.6 所示为基于遗传算法的方案自动优化界面。

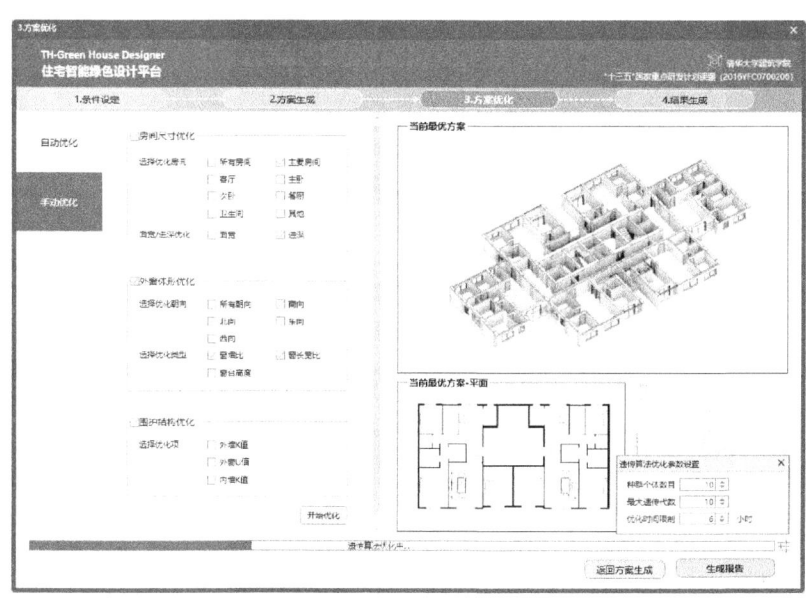

图5.6　TH-Green House Designer 基于遗传算法的方案自动优化界面

自动优化功能使用流程如下：

首先，用户选择待优化的住宅标准层方案，程序自动识别获取方案的各项可变参数，在前端交互界面中显示方案可变参数特征识别模块（见 4.3.1 节）。自动识别的可变参数包括空间参数及围护结构参数两部分，其中空间参数是指组成标准层的各功能房间的面宽、进深等，围护结构参数包括外窗窗墙比、窗宽高比、窗台高度及外墙、内墙、外窗 K 值。

然后，用户在自动优化界面中选择需优化的参数类型，包括选择优化房间的功能、面宽/进深、门窗朝向、门窗优化类型、围护结构优化选项等，单击"开始优化"。

最后，程序自动调用遗传算法模块，反复调整各参数取值，并调用能耗模拟模块自动获取该取值下的模拟结果，直至遗传优化过程完成，获得能耗负荷最低情况下的最优设计方案。自动优化过程完成后,用户仍可根据需要对最优方案进行手动调整。

(3) 实时反馈的人机交互手动优化功能

除自动优化功能外,平台还提供了设计方案的手动调整功能。这一功能类似 BIM 的参数化功能,用户通过改变设计参数自动获得新的设计方案。设计者可以根据设计意愿控制和微调设计方案,并实时获得可视化的优化反馈。图 5.7 所示为方案手动优化界面。

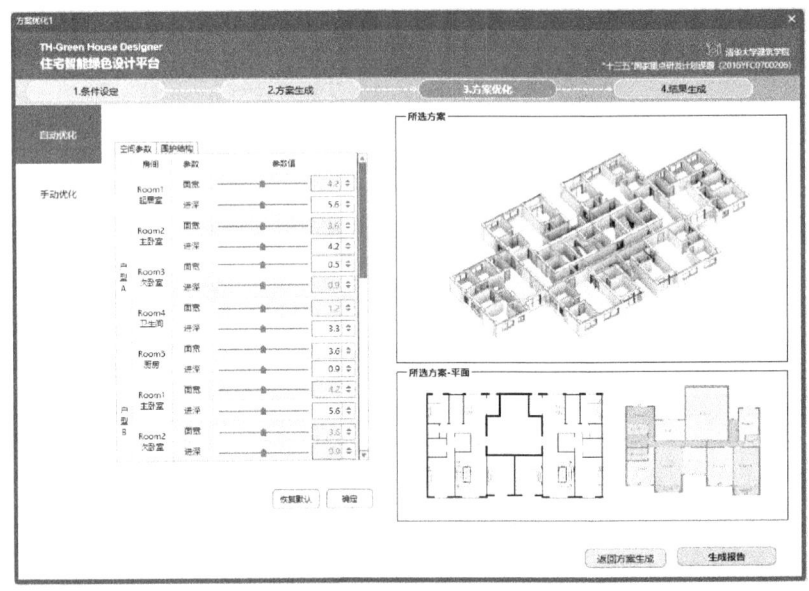

图 5.7 TH‑Green House Designer 方案手动优化界面

手动优化功能使用流程如下:

首先,用户选定某一项设计方案,平台自动调用算法进行户型特征识别,获取方案的各项设计参数,以表格的形式提供给建筑师。平台会根据各个房间的功能优先级判定房间各项尺寸参数是否可变,不可变的参数自动显示为灰色。

然后,用户在表格中调整各项可变参数,单击"确定"后,平台自动根据各项参数之间的关联关系生成新的设计方案,同时调用能耗模拟模块,获取方案的能耗信息和各项基本参数,显示在界面右侧。实时显示的内容包括可视化的冷热负荷性能信息、调整后的方案 3D 模型及平面,以及户型面积、标准层面积、窗墙比、体形系数、户内交通空间比例、公摊面积比例等方案信息。

第5章 北方住宅智能绿色设计工具平台 TH‑Green House Designer 开发

最后,建筑师可根据可视化的反馈信息对方案进行反复调整,最终获得符合要求的方案,自动生成方案报告、标准层模型和平面。

5.2.4 方案性能可视化及报告生成模块

可视化功能是绿色设计工具必不可少的一部分,在 TH‑Green House Designer 平台中,为了加强人机交互功能,即时呈现设计方案及性能信息,平台设置了多个可视化功能模块,能够实现方案平面及模型图纸生成、实时显示方案性能信息可视化图表及自动生成方案绿色设计报告等,如图 5.8 所示。

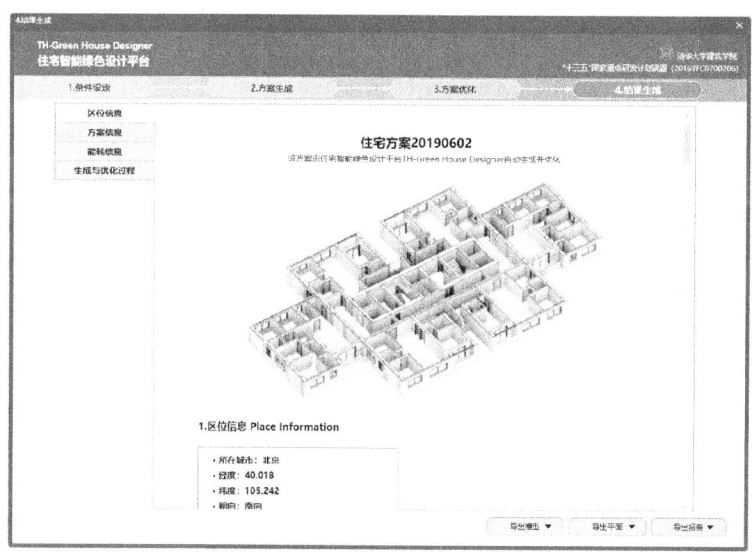

图 5.8 TH‑Green House Designer 结果报告生成界面

TH‑Green House Designer 平台可视化模块具体可显示以下信息。

1)方案可视化模块:标准层方案平面图、标准层方案 3D 模型、方案平面功能划分图。

2)性能可视化模块:方案基本信息和能耗信息列表、方案能耗负荷散点分布图、性能最优方案(前 50 个方案)能耗柱状图、方案能耗负荷分类环状图、方案平面分区总负荷分布图、方案平面分区制冷负荷分布图、方案平面分区采暖负荷分布图。

3)设计报告生成模块:区位信息、方案信息、能耗信息、生成与优化过程信息。

5.3 平台界面通信连接方式构建

与平台功能模块相对应,平台界面也包含四个主要部分:设计条件设定界面、方案自动生成及性能可视化界面、方案优化界面及结果报告生成界面。平台界面使用C语言开发,平台界面和内核程序之间通过文本文件读取相关信息。平台界面及内核程序之间的通信连接方式如下。

(1) 条件设定部分

设置保存到 run\input.txt,默认设置保存在 run\input_default.txt,格式如下:

{"city":"beijing","orient":"s","degree":0,"suit_number":2,"area":[90,75],"scope":[0.2,0.2],"bed":[3,2],"wc":[2,1],"other":[0,0],"floor":6,"floor_type":0,"unit":1}

1) 基础信息设定。

① 所在城市。包括北京、天津、石家庄、乌鲁木齐、西宁、兰州、银川、西安、呼和浩特、太原、郑州、济南、沈阳、长春、哈尔滨。

用拼音表示:

"city":"beijing"

② 建筑朝向。

"orient":"s","degree":0　　南向

"orient":"n","degree":0　　北向

"orient":"e","degree":0　　东向

"orient":"w","degree":0　　西向

"orient":"se","degree":0-90　　南偏东

"orient":"sw","degree":0-90　　南偏西

"orient":"ne","degree":0-90　　北偏东

"orient":"nw","degree":0-90　　北偏西

其中,degree是角度,数据类型是float,精确到小数点后一位。

2) 户型信息设定。

"suit_number":2　　　　＃户型数量(打钩的数量)

第5章 北方住宅智能绿色设计工具平台 TH-Green House Designer 开发

"area": [90, 70]　　　　　　#套内面积 [户型1, 户型2, …]
"scope": [0.2, 0.2]　　　　　#套内面积浮动范围（表示成小数，范围为
　　　　　　　　　　　　　　0.05~0.5）[户型1, 户型2, …]
"bed": [3, 2]　　　　　　　　#卧室数量 [户型1, 户型2, …]
"wc": [1, 2]　　　　　　　　 #卫生间数量 [户型1, 户型2, …]
"other": [1, 0]　　　　　　　#其他功能房间 [户型1, 户型2, …]

3）楼栋信息设定。

① 建筑层数（floor=1-30）。

② 单元数（unit=1-5）。

③ 标准层类型：不限（floor_type=0），一梯两户（floor_type=1），一梯三户（floor_type=2）（灰色不可选），一梯四户（floor_type=3）（灰色不可选），走廊式（floor_type=4）（灰色不可选）。

（2）详细模拟设置部分

保存到 run\simulation_option.txt，默认设置保存在 run\simulation_option_default.txt，格式如下：

{"heat_type": 0, "heat_period": 0, "heat_time_start": "11/15", "heat_time_end": "3/15", "cool_type": 0, "cool_period": 0, "cool_time_start": "5/15", "cool_time_end": "9/15", "wall_k": 0.5, "in_wall_k": 1, "window_U": 1.5}

1）采暖信息。

① 采暖类型 heat_type：默认=0，无采暖=1，集中供暖=2，户式燃气炉=3，户式空调=4。

② 采暖时段 heat_period：默认=0，无采暖=1，自定义=2（当 heat_type=1 时，采暖时段默认无采暖，灰色不可调）。

③ 采暖日期：当 heat_period=0 或 heat_period=1 时，灰色不可变，默认为11月15日至次年3月15日，当 heat_period=2 时日期可调。

2）制冷信息。

① 制冷类型 cool_type：默认=0，无制冷=1，分体空调=1，户式集中空调=2，中央空调=3。

② 制冷时段 cool_period：默认=0，无制冷=1，自定义=2（当 cool_type=1 时，cool_period 默认=1，灰色不可调）。

③ 制冷日期：当 cool_period=0 或 cool_period=1 时，灰色不可调，默认为 5 月 15 日至 9 月 15 日，当 cool_period=2 时日期可调。

3）围护结构信息。

① 外墙 K 值 wall_k：最初值为 0.5，取值范围为 0.1~1.5。

② 内墙 K 值 in_wall_k：最初值为 1，取值范围为 0.1~3。

③ 外窗 K 值 window_k：最初值为 1.5，取值范围为 1~4。

（3）户型生成规则高级设置部分

1）房间尺寸设定。

房间尺寸设置保存到 run\option.txt，默认设置保存在 run\option_default.txt，格式如下：

[["living", [1,4,"40-90-150","12-16","16-24","20-35","30-40"], [1,4,"40-110-150","3.6","3.6-4.2","3.9-4.5","4.5-6.5"], [0,"3.5-6.2"], [0,"1.25-1.5"]], ["living_dining", [2,"0.25-0.3"], [1,4,"40-110-150","3-3.6","3.6-4.2","3.9-4.5","4.5-6.5"], [3], [0,"1.5-2"]], …

① 房间类型：living 起居室（独立），living_dining 起居室（嵌套餐厅），main_bed 主卧，bed 次卧，dining 餐厅，kitchen 厨房，wc_main 主卫，wc 卫，mt 门厅，trans 走道。

② 需要检查用户在输入框中填写的内容是否符合要求（必须是单个数字或最小值-最大值格式，否则弹出提示）。

③ 百分比转换成小数。

2）筛选规则设置。

保存到 run\filter_option.txt，默认设置保存在 run\filter_option_default.txt，格式如下：

{"a1":"01","a2":0.1,"a3":"012","a4":0,"b1":1,"b2":1,"b2-2":2,"b3":1,"b3-2":2,"b4":1,"b5":1,"b6":1,"b7":1,"b8":1,"b9":1,"b10":1,"b10-2":2,"b11":1,"b11-2":1.5,"b12":1,"b12-2":3}

（4）方案生成部分

1）开始生成：run\run_create.txt=true（true 为开始，false 为停止）。

当开始生成时，需要重置以下文件：

① 清空 data、img、record 文件夹。

② run\pause.txt=false。

2) 暂停/继续：run\pause.txt（true 为暂停，false 为继续）。

3) 已生成方案数量：run\n_ok.txt。

4) 数据和图片。生成的图片保存在 img\（文件名数字对应方案编号），生成的数据保存在 run\datax.txt（文件名数字对应方案编号）。

5) 状态文字。

① 进度条。

进度条进度百分比：run\n_temp.txt（0~100 的整数）。

进度条文字交替显示以下两条信息：

生成中...正在进行第 x 次尝试...（x=run\n_temp.txt）。

已生成第 y 组方案，本方案计算次数 z...（y=run\n_ok.txt，z=run\timer_all.txt）。

② 左下角文字。

共生成符合要求方案 x 组（x=run\n_ok.txt）。

6) 右下角生成时间设置（生成过程中用户可以更改设置）。

方案生成数量：保存在 run\n_world.txt，默认为 100。

方案生成时间：默认为 10 小时。

（如果已生成方案数量 n_ok 达到 100，或者时间达到 10 小时，run_create.txt=false 生成开关关闭）

7) 错误提示。

如果 run\error.txt>100，弹出错误提示，同时停止生成（data\run_create.txt=false）。错误码保存在 run\error_number.txt。

error_number.txt=0：未能生成符合要求的户型，输入的房间信息可能有误，请修改后再试一次！

error_number.txt=1：未能生成符合要求的房间，房间尺寸高级设定可能有误，请修改或恢复默认后重试！

(5) 方案优化部分

单击"确定使用该方案"或"选为最优方案并停止计算"两个按钮，进入优化界面，同时改变以下值：run\run_create.txt=false，run\n_choose.txt=选择的方案编号，run\optimize.txt=true，run\optimize_auto.txt=false，run\optimize_ manual.txt=false,run\GA_finish.txt=false,清空 data_optimize、img_optimize 文件夹。

1)自动优化部分。

单击"开始优化"以后,将左侧优化设置保存到 run\optimize_auto_option.txt,格式如下:

[[1,[1,2,3,4,8,9]],[1,[1,4,10]],[0]]

同时设置 run\n_optimize.txt=0,run\n_optimize_ok.txt=0,清空 data_optimize、img_optimize 文件夹,设置 run\optimize_auto.txt=true,运行 python 代码 optimize.py。

① 右下角设置:开始优化以后不能更改。

保存到 run\GA_option.txt,格式如下:

[10,10,6]

(如果时间达到 6 小时,结束 optimize.py 的运行,run\GA_finish.txt=true)

② 进度条。

a. 进度条百分比=A/(种群个体数目*最大遗传代数),A=run\n_optimize.txt。

b. 进度条文字。

当 run\GA_finish.txt=false 时,显示"遗传算法优化中...正在计算第 x 代,第 y 组方案...",y=run\n_optimize.txt,x=向上取整(y/种群个体数目)。

当 run\GA_finish.txt=true 时,显示"遗传算法优化完成!"。

③ 数据和图片。数据保存在 data_optimize\,图片保存在 img_optimize\。

④ 单击"生成报告"以后,如果优化没有结束(run\GA_finish.txt=false),弹出对话框提示"优化尚未完成,是否结束优化?",单击"确定"则结束 optimize.py 的运行,单击"取消"则无变化。

如果优化没结束时单击"手动优化"或者"返回方案生成"等按钮,也弹出以上对话框提示。

2)手动优化部分。

① 单击"确定"前读取表格数据和图片。

a. 如果之前进行过自动优化,使用 data_optimize\中 total 值最低的一组数据和 img_optimize\中对应的图片。

b. 如果之前没进行过自动优化,使用 data\和 img\中第 x 组数据和图片,

x=run\n_choose.txt。

② 单击"确定"后更新数据和图片。

a. 将表格数据保存在 run\optimize_parameter.txt，格式如下：

[[3.3, 4.1, 4.2, 3.2, 2.2, 3.05, 2.2, 1.9, 9.4], [3.9, 3.9, 3.1, 1.55, 2.1, 5.7], [5.8, 5.8, 4.7, 5.8, 4.0, 4.0, 3.1, 1.9, 1.0], [6.1, 6.1, 3.9, 2.9, 1.9, 1.0], [0.3, 0.3, 0.3, 0.5, 0.5, 0.5, 0.3, 0.3, 0.3, 0.5, 0.5, 0.3], [1.2, 1.2, 1.2, 1.425926, 1.771605, 1.814815, 1.2, 1.2, 1.2, 1.685185, 1.685185, 1.2], [0.9, 0.9, 0.9, 0.9, 0.9, 0.9, 0.9, 0.9, 0.9, 0.9, 0.9, 0.9], 1.5, 0.4, 1.0]

b. run\optimize_manual.txt=true。

c. 读取优化结果（当 optimize_manual.txt=false 时表示手动优化完成，替换表格数据和图片，使用 data_optimize\ 和 img_optimize\ 中第 x 组数据和图片，x=run\n_optimize.txt）。

第6章 性能导向住宅绿色设计方法与工具的案例应用

本章以北京万科翡翠长安住宅项目9号楼为例，通过性能导向的住宅参数化设计方法及算法，在住宅建筑方案设计阶段为绿色节能设计提供支持，探讨性能导向设计的具体流程、优化效果与工程可行性。本示范项目隶属于"十三五"国家重点研发计划课题"北方地区城镇居住建筑绿色设计新方法与技术协同优化"（2016YFC0700206）。项目位于北京市门头沟区永定镇，地块共建有住宅10栋、商务办公及商业楼2栋，从中选取部分住宅楼作为示范楼栋，示范楼栋总建筑面积为5.9万 m^2。

本项目在方案设计阶段引入参数化设计和人工智能技术、案例推理设计方法，由计算机算法完成参数设置、户型生成、方案自动优化等过程，获得满足性能要求的方案集，提交建筑师综合决策选择。在施工及深化阶段，通过热桥处理、太阳能集热、智能化系统、分控节电技术及施工质量控制等技术措施，达到节能、减碳、可循环材料利用及提高舒适度的性能目标。如图6.1所示为示范项目设计与优化过程。

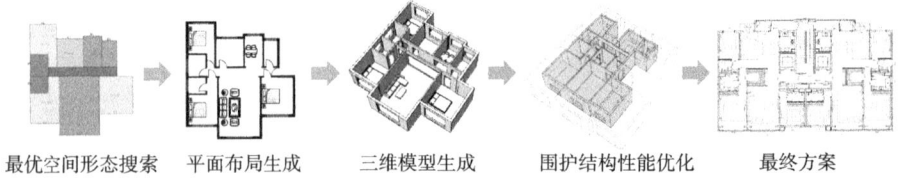

图 6.1 示范项目设计与优化过程

项目采用的绿色措施如下：

1) 在方案设计阶段，以住宅参数化自动生成算法、住宅性能一键优化算法及"住宅设计节能助手 TH-Green House Designer"作为前期设计支持。首先

第6章 性能导向住宅绿色设计方法与工具的案例应用

通过算法自动获取符合设计需求的方案集和方案信息数据,通过人机交互过程确定住宅平面初步方案;然后通过方案性能优化过程获取能耗最优方案,并通过相关分析得出设计参数与总负荷之间的敏感性关系,辅助建筑师进行决策参考。

2) 在深化设计及施工阶段,加强外墙保温、隔绝热桥处理,引入太阳能生活热水、智能节电控制系统等。在施工过程中加强施工质量监控措施,保证围护结构实际性能符合设计要求。

6.1　示范项目案例基本信息

示范项目住宅楼层数为17～25层,开闭站、配电室1层,地下车库2层。其容积率为3.5,绿地率为30%。示范项目部分楼栋首层、二层为商业服务网点,三层及三层以上为住宅,地下一、二层为库房及设备用房。建筑最高高度为78.45m;结构体系为钢筋混凝土剪力墙;采暖形式为地暖;空调形式为户式中央空调或分体空调;热源为BOT锅炉房。

案例项目9号楼位于小区西北侧,楼栋为南北朝向,建筑层数为25层,楼栋标准层拟采用一梯两户格局,户型类型为4室2厅2卫,套内面积约为130m^2。图6.2所示为9号楼标准层平面图。

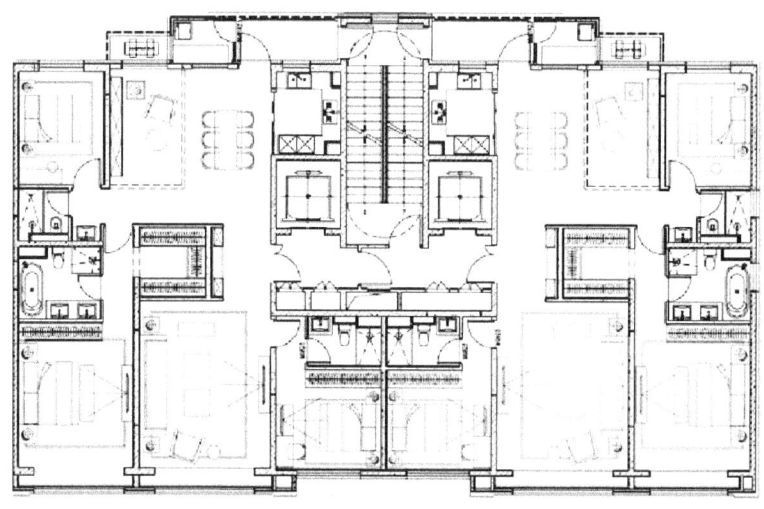

图6.2　9号楼标准层平面图

由于课题对示范项目竣工时间的要求,项目于研究开始前已完成设计审批。因此,本案例中的方案初期设计与优化过程属于设计过程的还原、验证,通过设计方法与算法重新进行建筑设计过程,并将新的设计过程与原始设计过程、新方案与原始方案对比,分析两种设计方法在住宅方案初期节能效果上的优劣。该住宅楼建筑节能做法详见表6.1。

表6.1 9号楼建筑节能做法

围护结构	传热系数 K /[W/(m² · K)]	做法
屋顶	0.41	70厚石墨聚苯板
外墙	0.39	100厚石墨聚苯板
外窗	1.80	60系列平开铝合金断热窗5+12A+5+12A+5
凸窗非透明部分	0.27	15憎水膨珠保温砂浆+100厚石墨聚苯板
与非供暖空间相邻的隔墙	1.35	20厚憎水膨珠保温砂浆
户门	2.00	金属户门
单元外门	2.00	65系列平开铝合金断热门5+12A+5+12A+5
不供暖地下室上部顶板	0.42	70厚超细无机纤维保温涂层

6.2 示范项目住宅平面初步方案自动生成过程

为了验证性能导向的人机交互住宅绿色设计流程及北方住宅方案参数化自动生成算法,在翡翠长安住宅小区9号楼的方案设计过程中应用了以上方法和算法,在方案设计初期通过性能导向的参数化方案自动生成及优化过程辅助方案设计,通过算法生成大量符合设计需求的住宅标准层方案,并基于能耗模拟模块计算所生成方案的冷热负荷数据,作为搜索和判断所有生成方案最优空间形态的依据。最后,将算法生成的大量设计方案及能耗模拟数据提供给建筑师,建筑师结合方案性能要素及其他非量化要素综合考虑,确定最终的设计方案。

第6章 性能导向住宅绿色设计方法与工具的案例应用

示范项目住宅平面初步方案自动生成过程主要包括基础信息及方案需求设定、平面布局参数化生成、最优空间形态搜索等过程，获得节能效果较好的初步方案，再通过方案优化过程获得能耗最低的最优方案，如图6.3所示。

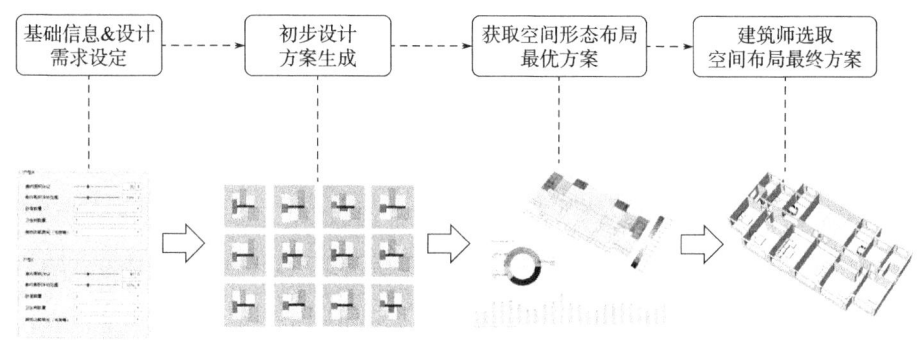

图6.3 示范项目住宅平面方案自动生成过程

6.2.1 基础信息及方案需求设定

案例项目位于北京市，根据《建筑气候区划标准》（GB 50178—1993）[72]，属于寒冷（IIA）气候区。户内功能需求为：主卧室1间、次卧室2间、卫生间2间、餐厅1间。由于住宅楼采用户式集中空调，每户需设置设备平台8～10m^2，在算法中用其他功能房间1间代替设备平台位置完成平面空间形态生成过程。由于本次生成对能耗模拟过程无特殊要求，所以本次计算采用算法中默认的能耗模拟设置。由于方案生成过程中主要评价空间布局对能耗负荷的影响，所以将围护结构相关参数固定，其中外墙K值为$0.4W/(m^2 \cdot K)$，内墙K值为$1W/(m^2 \cdot K)$，外窗K值为$1.5W/(m^2 \cdot K)$，南侧窗墙比统一设为0.5，北侧窗墙比为0.35，层高统一设为2.8m。

6.2.2 初步方案的参数化生成

完成基础信息设定后，将所有信息以参数的形式输入"住宅设计节能助手TH-Green House Designer"，然后打开算法的自动生成开关，算法开始搜索生成大量符合设计要求的标准层初步方案，并通过自动调用能耗模拟软件获取方案的能耗负荷信息。算法采用文本文件（.txt）的形式读取与存储数据，同时允许建筑师通过交互界面输入设计需求、设定方案基础信息等。

运算共获取标准层初步设计方案1595组，总用时约78时20分，每套方案以数据及图片的形式保存。其中,每组方案包含标准层形态空间布局平面图、初步方案平面图、标准层平面3D模型、房间Zone负荷分布图及对应的方案信息数据等。方案信息数据主要包括标准层总负荷、制冷负荷、采暖负荷、套内面积、体形系数、公摊面积比例、户内交通空间比例、房间尺寸、房间面积、窗墙比、门窗信息表等,如图6.4所示。

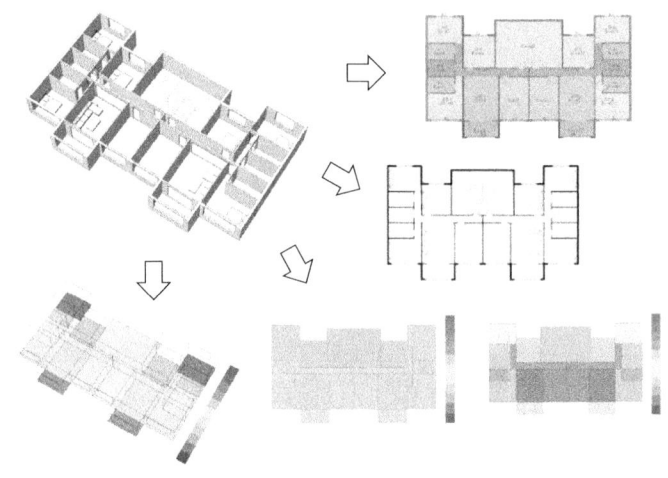

图6.4 单组方案可视化信息

6.2.3 最优空间形态方案获取

对所生成的1 595组方案的性能信息进行对比分析,确定性能最优的方案。其中,能耗最低方案总负荷为 $5.24W/m^2$,制冷负荷为 $3.1W/m^2$,采暖负荷为 $2.14W/m^2$;性能最差方案总负荷为 $6.07W/m^2$,制冷负荷为 $3.17W/m^2$,采暖负荷为 $2.90W/m^2$。另外,为了在相同参数条件下对比原始方案与生成方案能耗,将原始方案的围护结构性能及层高与本次方案生成过程参数统一,对原始方案进行了负荷模拟。原始方案模拟结果为,总负荷 $5.46W/m^2$,制冷负荷 $3.03W/m^2$,采暖负荷 $2.43W/m^2$。因此,获取的最优方案比原方案总能耗负荷降低4.2%,比最差方案总负荷降低15.8%。

通过本算法获取以上方案信息和基于数据设计的量化因素,为建筑师提供直观的方案与数据参考,帮助建筑师对功能与节能效果进行综合分析,并结合设计过程中的空间、行为习惯、美学等非量化因素综合考虑,通过人机交互的设计过程辅助完成设计决策。

6.3 示范项目方案初期性能优化过程

为了详细分析参数化住宅性能优化方法的优化流程,验证 TH‐Green House Designer 平台优化算法的效果及可行性,对示范项目 9 号楼原始方案进行优化与分析。对原始方案标准层的空间体形尺寸组合、围护结构性能(如窗、墙 K 值)参数设置组合进行列表、分类筛选和计算分析,得到各种参数组合下的性能评价计算结果。案例住宅优化过程基于北方住宅标准层方案优化算法完成。

6.3.1 优化参数选取

在本次案例住宅优化过程中,首先根据方案前期设计的侧重点选取住宅空间形态、围护结构形态和基本性能作为主要优化对象,并确定相关设计参数。其中,空间形态参数包括单个房间的面宽、进深及层高等;围护结构参数包含各房间窗墙比、窗的形状、围护结构传热系数等,作为可变参数。本次优化过程共选取可变参数 27 个,参数详细信息见表 6.2。然后基于 Rhino 和 Grasshopper 平台,分析最初方案的几何关系,确定各个空间、围护结构之间的相邻特征,构建各参数之间的关联关系,完成参数化建模。

表 6.2 方案优化过程信息

优化过程		样本数量/个	参数数量/个	优化工具	总负荷/(W/m²)			方差
					最小值	最大值	平均值	
过程 1	方案优化	3 709	27/27	Octopus	4.74	6.76	5.66	0.32
过程 2	验证	1 439	27/27	Galapagos (Annealing Algorithm)	4.75	7.03	5.19	0.49
过程 3	单因素敏感性分析	1 098	1/27	—	5.22	6.22	5.64	0.12
总计		6 246	—	—	4.74	7.03	5.23	0.41

6.3.2 基于遗传算法的优化过程

本次方案优化共获取有效数据 6 246 组,详细信息见表 6.2。使用遗传算法完成方案优化并获取最优方案,共获得有效数据3 709组。为了验证优化过程的准确性,使用Grasshopper平台Galapagos插件中的Annealing Algorithm进行验证优化,获得有效数据1 439组。为了进一步分析各项设计参数对结果的影响,对最初方案进行了单项设计参数的敏感性分析,获得有效数据1 098组。

6.3.3 方案优化结果分析

本次方案优化过程中,使用遗传算法对27个设计参数进行优化,共获得3 800组优化方案的单位面积总负荷、采暖负荷和制冷负荷模拟结果。除91组数据的模拟过程出现错误,不计入统计结果外,共获得有效数据3 709组。在所有方案中,单位面积总负荷最小值为4.74 W/m²,最大值为6.76 W/m²,平均值为5.66 W/m²,标准差为0.32。根据优化结果可知,最优方案比原方案的单位面积负荷降低0.86 W/m²,比最不利方案负荷降低2.02 W/m²。经过本次优化,方案总负荷明显降低。所选取的设计参数对住宅性能的影响较大,基于参数化的住宅优化效果比较显著。原方案与最优方案的对比分析见表6.3,从表6.3中可知,优化后方案中单个房间负荷有明显的降低,特别是北向房间的能耗降低效果非常明显。

表6.3 原方案与最优方案的对比分析

方案	原方案	最优方案1	最优方案2	最优方案3
总负荷/(W/m²)	5.60	4.74	4.75	4.76
空间形态				
分区负荷				
设计参数	FloorHeight=3.00 Wall_K_Val=0.40 Win_K_Val=1.50	FloorHeight=2.71 Wall_K_Val=0.25 Win_K_Val=1.53	FloorHeight=2.70 Wall_K_Val=0.25 Win_K_Val=1.54	FloorHeight=2.73 Wall_K_Val=0.25 Win_K_Val=1.56

最优方案与原方案相比，单位面积总负荷降低18.1%；最有利的情况下，单位面积总负荷比最不利方案降低48.1%。因此，本次方案阶段参数优化对住宅绿色性能的影响较大，优化效果显著。

6.3.4 优化结果验证

为了验证以上优化结果的准确性，使用退火算法对以上过程进行了二次优化，验证过程采用的设计参数与优化过程一致。

模拟退火算法是通过温度不断下降渐进产生出最优解的算法，其计算结构简单，鲁棒性强。遗传算法采用种群进化，局部搜索能力弱于模拟退火算法，存在容易过早收敛、陷入局部最优解等缺陷，求解精度低于模拟退火算法[90]。但是模拟退火算法过程由于退火过程和概率问题导致速度可能非常慢[91]，收敛结果受温度参数影响较大，温度参数设置不正确则难以保证计算结果为最优[92]。因此，使用遗传算法与模拟退火算法共同进行优化及验证，有利于丰富优化过程的搜索行为，增强优化结果的可靠性。

本次验证过程共获得1 460组方案的相关数据，其中21组数据由于模拟过程出错不计入统计结果，共获得有效数据1 439组。最优方案总负荷为4.75W/m²，与优化过程获得的最优方案总负荷4.74W/m²相比，两组数据的最低负荷非常接近。将验证过程最优方案与优化过程最优方案的参数取值进行对比，大部分参数取值呈现相似的趋势。因此，本次方案优化的可靠性能够得到保证。

6.4 设计参数对建筑性能的敏感性分析

根据设计需求，建筑师需要更有效地控制单项设计参数。为了进一步分析各项设计参数变化对整体能耗的影响，有必要进一步分析最优方案能耗降低的原因，分析各个设计参数与负荷之间的相关性。

6.4.1 综合相关性分析

针对优化过程获得的3 709组数据，利用IBM SPSS Statistics计算各项参数与负荷的Spearman相关系数。由于参数与负荷的关系不属于线性关系，所以使用Spearman相关系数能够较准确地反映两组数据之间的关系。参数相关性计算结果见表6.4。在Spearman相关系数中，相关系数为0.8~1.0属于极强相关，为 0.6~0.8 属于强相关，为 0.4~0.6 属于中等程度相关，为 0.2~0.4 属于弱相关，为 0~0.2 属于极弱相关。

表 6.4 设计参数与能耗负荷的相关系数

设计参数	计算类目	总负荷	制冷负荷	采暖负荷
NB_Width	Correlation Coefficient	-0.532**	-0.368**	-0.485**
	Sig.（2-tailed）	0.000	0.000	0.000
EB_Width	Correlation Coefficient	-0.432**	-0.297**	-0.391**
	Sig.（2-tailed）	0.000	0.000	0.000
Kitchen_Width	Correlation Coefficient	-0.175**	-0.061**	-0.183**
	Sig.（2-tailed）	0.000	0.003	0.000
MB_Width	Correlation Coefficient	-0.350**	-0.302**	-0.330**
	Sig.（2-tailed）	0.000	0.000	0.000
LR_Width	Correlation Coefficient	-0.418**	-0.269**	-0.389**
	Sig.（2-tailed）	0.000	0.000	0.000
SB_Width	Correlation Coefficient	-0.287**	-0.150**	-0.287**
	Sig.（2-tailed）	0.000	0.000	0.000
NB_Depth	Correlation Coefficient	-0.553**	-0.347**	-0.487**
	Sig.（2-tailed）	0.000	0.000	0.000
EB_Depth	Correlation Coefficient	-0.599**	-0.224**	-0.583**
	Sig.（2-tailed）	0.000	0.000	0.000
LR_Depth	Correlation Coefficient	-0.479**	-0.344**	-0.413**
	Sig.（2-tailed）	0.000	0.000	0.000
SB_Depth	Correlation Coefficient	-0.544**	-0.340**	-0.530**
	Sig.（2-tailed）	0.000	0.000	0.000
MB_WWR	Correlation Coefficient	-0.055**	0.288**	-0.112**
	Sig.（2-tailed）	0.007	0.000	0.000
LR_WWR	Correlation Coefficient	0.157**	0.197**	0.121**
	Sig.（2-tailed）	0.000	0.000	0.000
SB_WWR	Correlation Coefficient	0.375**	0.531**	0.321**
	Sig.（2-tailed）	0.000	0.000	0.000
Kitchen_WWR	Correlation Coefficient	0.533**	0.355**	0.460**
	Sig.（2-tailed）	0.000	0.000	0.000

续表

设计参数	计算类目	总负荷	制冷负荷	采暖负荷
DR_WWR	Correlation Coefficient	0.151**	0.151**	0.125**
	Sig. (2-tailed)	0.000	0.000	0.000
EB_WWR	Correlation Coefficient	0.653**	0.401**	0.583**
	Sig. (2-tailed)	0.000	0.000	0.000
NB_WWR	Correlation Coefficient	0.399**	0.330**	0.340**
	Sig. (2-tailed)	0.000	0.000	0.000
MB_WHR	Correlation Coefficient	−0.110**	0.165**	−0.141**
	Sig. (2-tailed)	0.000	0.000	0.000
LR_WHR	Correlation Coefficient	−0.213**	0.013	−0.218**
	Sig. (2-tailed)	0.000	0.515	0.000
SB_WHR	Correlation Coefficient	0.182**	0.000	0.215**
	Sig. (2-tailed)	0.000	0.995	0.000
Kitchen_WHR	Correlation Coefficient	−0.304**	−0.129**	−0.299**
	Sig. (2-tailed)	0.000	0.000	0.000
DR_WHR	Correlation Coefficient	−0.282**	−0.097**	−0.303**
	Sig. (2-tailed)	0.000	0.000	0.000
EB_WHR	Correlation Coefficient	0.033	0.026	0.054**
	Sig. (2-tailed)	0.099	0.195	0.007
NB_WHR	Correlation Coefficient	0.199**	0.007	0.212**
	Sig. (2-tailed)	0.000	0.722	0.000
FloorHeight	Correlation Coefficient	0.482**	0.517**	0.399**
	Sig. (2-tailed)	0.000	0.000	0.000
Wall_K_Val	Correlation Coefficient	0.688**	0.439**	0.631**
	Sig. (2-tailed)	0.000	0.000	0.000
Win_U_Val	Correlation Coefficient	0.658**	−0.439**	0.753**
	Sig. (2-tailed)	0.000	0.000	0.000

注：** 表示相关性在 0.01 水平上显著。

根据相关性强弱排列，相关性较明显的数据组分别为：外墙 K 值、外窗 U 值与总负荷相关性系数分别为 0.69、0.66，显著性水平 p 值为 0.000，属于较强的显著正相关关系；设备平台窗墙比与总负荷相关性系数为 0.65，显著性水平 p

值为 0.000，属于较强的显著正相关关系；设备平台进深、北卧室进深、南卧室进深与总负荷呈现中等程度的显著负相关，相关性系数分别为－0.59、－0.55、－0.54；北卧室面宽与总负荷呈现中等程度的显著负相关，相关性系数为－0.53；层高与总负荷呈现中等程度的显著正相关，相关性系数为 0.48。

根据以上结果可知，在案例住宅中，控制围护结构性能的各项参数与负荷的关系非常显著，提高门窗保温性能能够显著降低能耗；在控制空间形态的各项参数中，房间进深比房间面宽对能耗的影响更大；在外窗相关的各项参数中，窗墙比对节能的影响大于窗的形状对能耗的影响；另外，相比于南向窗墙比，北向窗墙比的合理配置对住宅节能更为重要。

6.4.2 单项参数贡献率分析

为了进一步分析单项可变参数对能耗的敏感性，排除多变量的影响，对单变量进行了单独分析，即在原有方案设计参数的基础上，保持其他参数不变，只改变单一参数的取值，获得与单变量相对应的模拟结果数值变化范围。本次敏感性分析共获得 1 125 组模拟数据。根据结果得出外墙 K 值的变化对总负荷的影响最大，具有较强的敏感性，其次为外窗 U 值、层高。在方案空间形态的各项参数中，敏感性从高到低依次为设备平台进深、起居室面宽、南卧室进深、主卧面宽、起居室进深。另外，北侧房间窗墙比的敏感性高于南侧，窗宽高比则对方案整体能耗的影响不大。

敏感性分析的作用在于使建筑师参与方案优化。根据各项参数的敏感性，建筑师可以根据设计需求手动控制参数取值。敏感性较高的参数尽量控制在最有利于节能的取值范围，敏感性低的参数则可以修改变动，以满足建筑师的主观设计意愿。

通过住宅设计参数与能耗的相关性分析可得，在案例住宅中，围护结构性能对住宅节能最重要，其次为房间形态和窗墙比。其中，相比于南向窗墙比，北向窗墙比的合理配置对住宅节能更为有效。窗的形状对总负荷模拟结果影响较小。建筑师可根据设计需求手动控制参数取值，优化方案，在保证节能效果的前提下实现方案在功能、外观等方面的设计意图。

第 7 章　结论和展望

7.1　研　究　结　论

本书针对住宅方案阶段绿色节能设计过程，研究性能导向的设计方法流程、算法与工具，在住宅建筑设计方案阶段挖掘方案的性能潜力，促进北方住宅节能效果的提升。本书针对当前住宅方案初期性能设计的现状问题，基于参数化及人工智能数字技术开展研究，建立了基于数据的性能导向设计方法流程，开发了住宅标准层方案参数化自动生成、人机交互的性能优化相关的核心方法与算法，建立了面向建筑师的北方住宅智能绿色设计协同工具平台"住宅设计节能助手 TH-Green House Designer"。通过案例研究，验证了以上设计方法与算法工具在实际工程中的应用价值。

本书的主要研究结论概括如下：

第一，在住宅绿色设计理论方法层面，常规住宅绿色设计过程通常遵循设计—模拟—反馈—修改—再模拟的"正向"设计流程，以上流程通常导致大量重复性工作，在实际工程应用中，由于时间及工作成本限制，容易造成方案前期设计和绿色性能设计脱节，不利于方案初期节能效果的发挥。本书基于参数化及人工智能技术，构建了一种性能目标导向的、基于性能模拟数据的"逆向"设计方法流程，通过算法及协同工具平台的开发，建立人机协同的工作模式，实现建筑师输入设计需求，计算机通过方案生成和案例库检索两种路线自动获取符合要求的大量设计方案集和绿色性能数据，并基于性能模拟数据进行自动方案优化，获取性能最优的设计方案。新的设计流程通过多平台软件工具的开发，帮助建筑师减少烦琐的重复性工作，使建筑师将精力集中于量化要素和非量化要素的综合决策，同时基于大量性能数据的决策支持过程，在住宅方案设计前期显著促进绿色节能效果的提升。

第二，在北方住宅方案设计过程中，基于参数化生成设计方法开发北方住宅标准层方案自动生成算法。参数化生成设计方法是一种基于计算机智能技术将设计生成过程编写为参数与函数关系，通过一系列算法获取设计方案，实现设计过程自动化的设计方法。其优势是能够通过建立参数算法获取大量设计方案，实现方案快速生成与修改，并通过基于数据的设计提升设计过程的科学性与准确性。本书通过户型原型特征参数提取—方案自动生成—限定条件筛选的基本技术路线，基于 Grasshopper 平台及 Python 语言编写参数化算法，实现北方住宅标准层方案的自动生成。算法主要实现过程为：首先，通过住宅方案特征原型归纳过程，基于北方住宅常见标准层方案数据库进行方案特征提取，提取的设计特征包括户型特征、标准层特征等。然后，将提取的设计特征进行参数化，建立北方住宅空间逻辑参数化模型，通过算法实现北方住宅标准层方案自动生成。最后，建立限定条件筛选模块，基于设计规范、资料集、住宅常见功能特征、居住者行为特征等限定条件，判定所生成方案的合理性，同时建立基于建筑师主观评价的开放模块，提升建筑师在计算机辅助设计决策中的主导作用。根据示范项目住宅平面自动生成的相关案例设计过程，自动生成的最优方案比使用常规设计方法的原方案总负荷降低 4.2%，比最差方案总负荷降低 15.8%。

第三，在北方住宅方案性能优化过程中，基于遗传算法及多目标优化方法，开发北方住宅标准层方案一键智能优化算法。本书针对北方住宅标准层方案的能耗优化过程编写了简化的算法，实现自动进行户型特征识别、自动判定优化参数、建立参数化模型、自动调用遗传算法进行方案优化，简化了方案优化过程，实现住宅标准层方案的一键优化。本算法中的优化是通过 Honeybee 调用 EnergyPlus 进行能耗模拟，获取冷热负荷模拟数据。优化参数的选取范围包括空间尺寸参数（各功能房间面宽、进深、层高等）、外窗体形参数（窗墙比、窗宽高比、窗高度）、围护结构性能参数等。同时，算法加强了方案优化中的人机交互功能，包括自动优化和手动优化两个模块，允许用户选取需优化的参数，进行方案自动优化与手动调整。通过对示范项目方案的性能优化，最优方案与原方案相比，单位面积总负荷降低 18.1%；最有利的情况下，单位面积总负荷比最不利方案降低 48.1%。

第四，在工具研发方面，基于以上方法与算法开发了北方住宅智能绿色设计工具平台"住宅设计节能助手 TH-Green House Designer"，平台基于 Grasshopper 平台及 Python、C 语言编写，是一个面向建筑师的性能导向北方住宅绿色设计方法与技术协同工具平台。平台通过引入参数化及人工智能新技术，实现绿色性能导向的住宅方案自动生成、人机协同一键绿色节能优化，通过数据可视化为建筑师提供即时、有效、直观的量化客观数据及设计参考，在设计前期促进住宅节能效果的提升。一方面，平台突出以绿色节能目标为导向的"逆向"设计流程，将住宅节能性能提升与住宅建筑设计方案初期的体形与空间布局、围护结构设计相关联，目的是在住宅设计初期，通过计算机参与绿色住宅节能设计过程，充分发掘住宅方案的节能潜力。另一方面，平台突出以建筑师为主导，跟随建筑师的工作习惯，以参数化设计、遗传算法、案例推理设计、计算机生成设计方法为理论基础，构建方案初期的人机协同工作模型，促进建筑设计中人机关系的革命性变革。

7.2 研究创新点

研究的主要创新点归纳如下：

1）针对住宅方案初期绿色设计，提出一种建筑师主导、人机交互、基于数据的设计新方法与未来工作模式，梳理性能导向的设计流程及工具实现的技术路线。

2）基于参数化及人工智能技术，基于 Grasshopper 平台及 Python 语言开发北方住宅方案参数化自动生成算法、简化的绿色住宅性能一键优化算法，实现绿色性能导向的住宅标准层方案自动生成、人机协同一键绿色节能优化。

3）基于以上设计方法及算法，开发面向建筑师的绿色设计工具平台"住宅设计节能助手 TH - Green House Designer"，通过数据可视化技术提供即时、有效、直观的量化客观数据，辅助建筑师进行方案决策，在设计前期促进居住建筑节能效果的提升，并通过实际项目应用案例对以上算法及工具进行初步验证。

7.3 研究展望

本书在理论方法层面构建了性能导向的、基于数据的工具协同的住宅绿色设计流程，并初步建立了方案初期住宅绿色设计算法与工具平台，后续将继续围绕多平台、多角度软件工具的开发，逐步完善 TH - Green House Designer 工具平台各功能模块,实现建筑师主导、人机交互的住宅绿色设计过程。

第一,完善住宅方案生成算法,拓展方案生成范围。目前参数化住宅单体方案生成算法仅针对北方城镇集合住宅,完成常见住宅原型中一梯两户标准层平面方案的智能生成及自动优化功能的开发。在后续研究中希望拓展算法对更多住宅类型的支持,并从住宅单体扩展到住区规划层面的绿色设计。

第二,增加TH-Green House Designer平台对多性能目标的支持,优化平台性能模拟速度。目前工具平台仅通过能耗负荷的单目标模拟数据优化住宅方案节能效果。在后续研究中,拟从绿色节能单目标优化扩展到能耗、采光、通风、碳排放、热岛等多性能目标优化功能,增强工具对多性能目标的数据反馈,同时通过引入简化的性能优化算法、人工神经网络模型训练等方法提升现有工具平台的模拟速度,实现更快速的性能反馈。

第三,促进TH-Green House Designer工具平台的实践应用。进一步优化现有工具平台的使用功能流畅度及实际工程应用中的适应性。组织建筑师及专家进行平台功能评测,通过实际工程应用整理和反馈评测报告,根据评测结论完善平台功能,完善版本调试,切实为方案阶段住宅绿色设计提供有效支持。

参 考 文 献

[1] LI ZIWEI, CHEN HONGZHONG, LIN BORONG, et al. Fast bidirectional building performance optimization at the early design stage [J]. Building Simulation, 2018 (2): 1 - 15.

[2] KONIS K, GAMAS A, KENSEK K. Passive performance and building form: an optimization framework for early - stage design support [J]. Solar Energy, 2016 (125): 161 - 179.

[3] WILDE P D, VOORDEN M V D. Providing computational support for the selection of energy saving building components [J]. Energy & Buildings, 2004, 36 (8): 749 - 758.

[4] SUTHERLAND I. Sketchpad: a man - machine graphical communication system [D]. Cambridge: Massachusetts Institute of Technology, 1963.

[5] 靳铭宇. 褶子思想, 游牧空间——数字建筑生成观念及空间特性研究 [D]. 北京: 清华大学, 2012.

[6] 王牧洲. 建筑绩效评估的机制与方法——以居住建筑后评估实证为例 [D]. 北京: 清华大学, 2017.

[7] 江亿. 我国建筑耗能状况及有效的节能途径 [J]. 暖通空调, 2005 (5): 30 - 40.

[8] 清华大学建筑节能研究中心. 中国建筑节能年度发展研究报告 [M]. 北京: 中国建筑工业出版社, 2017.

[9] 中华人民共和国城乡建设环境保护部. 民用建筑节能设计标准（采暖居住建筑部分）(JGJ 26—1986) [S]. 北京: 中国建筑工业出版社, 1986.

[10] 中华人民共和国住房和城乡建设部. 严寒和寒冷地区居住建筑节能设计标准（JGJ 26—2018）[S]. 北京: 中国建筑工业出版社, 2018.

[11] 刘念雄, 张竞予, 王珊珊, 等. 目标和效果导向的绿色住宅数据设计方法 [J]. 建筑学报, 2019 (10): 103 - 109.

[12] 夏建军, 江亿. 民用建筑能耗标准中供暖指标值的确定方法 [J]. 建设科技, 2015 (14): 51 - 55.

[13] 中华人民共和国住房和城乡建设部. 民用建筑能耗标准(GB/T 51161—2016) [S]. 北京: 中国建筑工业出版社, 2016.

[14] 李紫微. 性能导向的建筑方案阶段参数化设计优化策略与算法研究 [D]. 北京：清华大学，2014.

[15] ZHANG J，LIU N，WANG S. A parametric approach for performance optimization of residential building design in Beijing [J]. Building Simulation，2020，13（2）：223-235.

[16] BUCCI FEDERICO，MARCO MULAZZANI. Luigi Moretti：works and writings [M]. New York：Princeton Architectural Press，2000.

[17] LIVINGSTON MIKE. Watergate：the name that branded more than a building [J]. Washington Business Journal，2002（6）：38-46.

[18] SIVAM KRISH. What is generative design [EB/OL]. （2021-01-30）[2011-01-29]. https：//generativedesign. wordpress. com/2011/01/29/what-is-generative-desing/.

[19] DANIEL DAVIS. A history of parametric [EB/OL]. （2021-01-30）[2011-01-29]. http：//www. danieldavis. com/a-history-of-parametric/.

[20] 尹志伟. 非线性建筑的参数化设计及其建造研究 [D]. 北京：清华大学，2009.

[21] SCHUMACHER P. Parametricism：a new global style for architecture and urban design [J]. Architectural Design，2009，79（4）：14-23.

[22] NEILLEACH. Introduction：digital cities [J]. Architectural Design，2009，79（4）：1-13.

[23] 黄蔚欣，徐卫国. 参数化非线性建筑设计中的多代理系统生成途径 [J]. 建筑技艺，2011（1）：42-45.

[24] 袁大伟. 基于参数化技术的建筑形体几何逻辑建构方法研究 [D]. 北京：清华大学，2011.

[25] 徐卫国. 参数化设计与算法生形 [J]. 世界建筑，2011（6）：110-111.

[26] 黄蔚欣，徐卫国. 非线性建筑设计中的"找形"[J]. 建筑学报，2009（11）：96-99.

[27] 高岩. 参数化设计出现的背景——KPF资深合伙人拉尔斯·赫塞尔格伦访谈 [J]. 世界建筑，2008（5）：22-27.

[28] 孙明宇，刘德明. 技术与艺术的数字整合——大跨建筑非线性结构形态表现研究 [J]. 建筑学报，2016（s1）：51-55.

[29] 徐憧憧. 参数化非线性建筑设计对建筑艺术的影响 [D]. 北京：中国艺术研究院，2010.

[30] 马志良. 建筑参数化设计发展及应用的趋向性研究 [D]. 杭州：浙江大学，2014.

[31] 周铃，邹欣. 非线性参数化设计在科技馆展示设计中的应用研究 [J]. 艺术科技，2016，29（4）：81，55.

[32] 张龙. 参数化建筑设计的本土化研究 [D]. 太原：太原理工大学，2015.

[33] 李飚，韩冬青. 建筑生成设计的技术理解及其前景 [J]. 建筑学报，2011（6）：91-100.

[34] 包瑞清. 编程景观 [M]. 南京：江苏凤凰科学技术出版社，2015.

[35] 孙澄宇. 计算机辅助进化建筑设计初探 [D]. 上海：同济大学，2005.

[36] 李媛. 大跨建筑表皮的参数化设计方法研究 [D]. 哈尔滨：哈尔滨工业大学，2013.

[37] 曾圣龙. 复杂异形建筑的参数化设计 [J]. 建筑技艺，2017（6）：108-111.

[38] 尼尔斯·拉森. 可持续发展社会的绿色建筑 [C]. 国际建筑中心联盟大会，2001.

[39] 齐艳，陈萍，等. 建筑能耗数据库能耗基准评价方法及研究 [J]. 应用能源技术，2007（5）：1-4.

[40] 王京京，章玉容，刘明辉，等. 中美英三国建筑能耗基准评价对比 [J]. 建筑科学，2015，31（10）：48-51.

[41] 王永龙，潘毅群. 典型办公建筑能耗模型中输入参数单因子敏感性的分析研究 [J]. 建筑节能，2014（2）：9-14.

[42] 林宪德. 东亚都市办公建筑围护结构节能对策分析 [C]. 中国城市住宅研讨会，2007.

[43] 杨汉桥，林晓辉. 遗传算法与模拟退火法寻优能力综述 [J]. 机械制造与自动化，2010，39（2）：73-75.

[44] 林波荣，李紫微. 面向设计初期的建筑节能优化方法 [J]. 科学通报，2016（1）：113-121.

[45] 周潇儒. 基于整体能量需求的方案阶段建筑节能设计方法研究 [D]. 北京：清华大学，2009.

[46] 余琼. 方案阶段建筑节能参数化设计方法研究 [D]. 北京：清华大学，2011.

[47] 孙澄，韩昀松. 绿色性能导向下的建筑数字化节能设计理论研究 [J]. 建筑学报，2016（11）：89-93.

[48] 申杰. 基于Grasshopper的绿色建筑技术分析方法应用研究 [D]. 广州：华南理工大学，2012.

[49] JIHUN KIM, YUN KYU YI, et al. Building form optimization in early design stage to reduce adverse wind condition－using computational fluid dynamics [J]. Proceedings of Building Simulation，2011（2）：785-791.

[50] JIN J T, JEONG J W. Optimization of a free-form building shape to minimize external thermal load using genetic algorithm [J]. Energy & Buildings，2014（85）：473-482.

[51] WANG W, ZMEUREANU R, RIVARD H. Applying multi-objective genetic algorithms in green building design optimization [J]. Building & Environment，2005，40（11）：1512-1525.

[52] 蔡一鸣. 融合参数化逻辑的绿色建筑设计研究 [D]. 天津：天津大学，2014.

[53] 游猎. 可持续策略下的参数化建筑设计研究 [D]. 天津：天津大学，2012.

[54] 蔡权. 基于环境参量的参数化建筑设计研究 [D]. 南京：南京工业大学，2012.

[55] 孙澄，韩昀松，庄典."性能驱动"思维下的动态建筑信息建模技术研究 [J]. 建筑学报，2017（8）：68-71.

[56] SHIH-HSIN L, DAVID G. Evolutionary energy performance feedback for design: multidisciplinary design optimization and performance boundaries for design decision support [J]. Energy and Buildings, 2014（84）：426-441.

[57] 王少军. 基于建筑采光性能的参数化设计研究 [D]. 绵阳：西南科技大学，2016.

[58] 张帆，邢凯，梁静. 基于环境参量的绿色建筑参数化设计研究 [C]. 2015年全国建筑院系建筑数字技术教学研讨会，2015.

[59] PALONEN M, HAMDY M, HASAN A. MOBO a new software for multi-objective building performance optimization [C]. Building Simulation 2013-13th International IBPSA Conference, 2013.

[60] 卓琪淞，黄勇，张龙巍. 寒地大空间建筑形态的气候适应性优化策略研究——以盘锦邮轮码头客运中心为例 [C]. 2017全国建筑院系建筑数字技术教学研讨会暨DADA2017数字建筑国际学术研讨会，2017.

[61] 徐松月，亓琳，晁军，等. 基于风环境的参数化建筑表皮设计方法——以哈尔滨E-14地块项目概念设计方案为例 [J]. 建筑技艺，2015，（02）：125-127.

[62] 林波荣. 绿色建筑性能模拟优化方法 [M]. 北京：中国建筑工业出版社，2016.

[63] 朱丹丹，燕达，王闯，等. 建筑能耗模拟软件对比：DeST、EnergyPlus和DOE-2 [J]. 建筑科学，2012，28（s2）：213-222.

[64] MA QINGSONG, HIROAT SU FUKUDA. Parametric office building for daylight and energy analysis in the early design stages [J]. Procedia-Social and Behavioral Sciences, 2016（216）：818-828.

[65] ROUDSARI M S, PAK M. Ladybug: a parametric environmental plugin for Grasshopper to help designers create an environmentally-conscious design [C]. The 13th International Conference of the International Building Performance Simulation Association, Chambéry, 2013.

[66] 郭芳. Geco在参数化建筑节能设计中的应用——以哈萨克斯坦阿斯塔纳国家图书馆窗洞设计为例 [J]. 城市建筑，2013（6）：222-226.

[67] WEI N, ZHENG W, ZHANG N, et al. Field study of seasonal thermal comfort and adaptive behavior for occupants in residential buildings of Xi'an, China [J]. Journal of Central South University, 2022, 29（7）：2403-2414.

[68] ANDERSEN R V, TOFTUM J, ANDERSEN K K, et al. Survey of occupant behaviour and control of indoor environment in Danish dwellings [J]. Energy and Buildings, 2009, 41（1）：11-16.

[69] 陈滨，彭菲菲，赵金玲，等. 冬季民用住宅室内热湿环境的实测调查研究——采暖设备和居住者热湿感觉、生活行为的关系 [J]. 建筑热能通风空调，2002（6）：22-25.

[70] 鞠松，杨晓东. 国外人工智能技术在建筑行业的研究与应用现状 [J]. 价值工程，2018（4）：225-228.

[71] 中华人民共和国建设部，中华人民共和国国家质量监督检验检疫总局. 住宅建筑规范（GB 50368—2005）[S]. 北京：中国建筑工业出版社，2005.

[72] 国家技术监督局，中华人民共和国建设部. 建筑气候区划标准（GB 50178—1993）[S]. 北京：中国建筑工业出版社，1993.

[73] WANG W，RIVARD H，ZMEUREANU R. Floor shape optimization for green building design [J]. Advanced Engineering Informatics，2006，20（4）：363-378.

[74] 魏力恺. 基于CBR和HTML5的建筑空间检索与生成研究 [D]. 天津：天津大学，2013.

[75] STANISLAS CHAILLOU. ArchiGAN：a generative stack for apartment building design [EB/OL].（2021-01-01）[2019-07-17]. https://devblogs.nvidia.com/archigan-generative-stack-apartment-building-design/?linkId=70968833.

[76] 梁晏恺. 浅谈人工智能技术在建筑设计中的应用——以小库xkool为例 [J]. 智能建筑与智慧城市，2019（1）：43-45.

[77] RHEINER M，EGGMANN F. Generative design [J]. Birkhäuser Basel，2005（1）：11-21.

[78] SINGH V，GU N. Towards an integrated generative design framework [J]. Design Studies，2012，33（2）：185-207.

[79] 姜妮. 基于参数化技术的建筑空间生成研究 [D]. 成都：西南交通大学，2014.

[80] 金建国,周明华,邹学军.参数化设计综述[J].计算机工程与应用，2003（7）：16-18，86.

[81] CATALA C. Gaudí unseen：completing the sagrada famíla [M]. Berlin，Jovis，2007：81-85.

[82] HASAN A，VUOLLE M，KAI SIREN. Minimisation of life cycle cost of a detached house using combined simulation and optimisation [J]. Building & Environment，2008，43（12）：2022-2034.

[83] 姜琳. 北方地区高层住宅核心筒设计研究 [D]. 北京：清华大学，2017.

[84] 中国建筑学会. 建筑设计资料集 [M]. 3版. 北京：中国建筑工业出版社，2017.

[85] 李隆，许瑛，孙森，等. 高空长航时飞行器机翼跨声速气动优化设计 [J]. 飞行力学，2016，34（5）：26-29.

[86] JASBIR S，et al. Practical mathematical optimization：an introduction to basic optimization theory and classical and new gradient-based algorithms [J]. Structural and Multidisciplinary Optimization，2006（6）：249.

[87] MITCHELL M. An introduction to genetic algorithms [M]. Cambridge: MIT Press, 1996.

[88] RUTTEN D. Galapagos: on the logic and limitations of generic solvers. Architectural Design, 2006, 83 (2), 132-135.

[89] NEGENDAHL K, NIELSEN T R. Building energy optimization in the early design stages: a simplified method [J]. Energy & Buildings, 2015 (105): 88-99.

[90] 王雪阳, 史攀飞. 蚁群算法与模拟退火、遗传算法比较分析 [J]. 无线互联科技, 2015 (13): 126-127.

[91] 解晨, 韦雄奕. 模拟退火算法和遗传算法的比较与思考 [J]. 电脑知识与技术, 2013, 9 (19): 4418-4419.

[92] 章元, 朱尔一, 李静, 等. 模拟退火算法与遗传算法结合用于变量筛选 [J]. 分析化学, 1999 (10): 1131-1135.